Satish Kumar Damodar

# ENGENHARIA DE REQUISITOS DE SISTEMAS E ELICITAÇÃO

Satish Kumar Damodar

# ENGENHARIA DE REQUISITOS DE SISTEMAS E ELICITAÇÃO

## Uma abordagem à conceção de sistemas

ScienciaScripts

Cover image: www.ingimage.com

This book is a translation from the original published under ISBN 978-620-7-46660-3.

Publisher:
Sciencia Scripts
is a trademark of
Dodo Books Indian Ocean Ltd. and OmniScriptum S.R.L publishing group

120 High Road, East Finchley, London, N2 9ED, United Kingdom
Str. Armeneasca 28/1, office 1, Chisinau MD-2012, Republic of Moldova, Europe
Printed at: see last page
**ISBN: 978-620-7-67010-9**

## PREFÁCIO

Este livro "System requirements engineering & elicitation- An approach to system design" fornece informações sobre as partes interessadas no sistema, os tipos de sistemas, as fases de desenvolvimento de um sistema de diálise no local e as suas capacidades. Este livro apresenta informações sobre os processos de engenharia de sistemas ao longo das várias fases de desenvolvimento do sistema. O processo de requisitos de engenharia de sistemas inclui os requisitos do cliente, os requisitos funcionais e os requisitos de desempenho, todos eles tratados em pormenor.

Os pontos de vista das principais partes interessadas são captados através de métodos qualitativos, utilizando questionários e entrevistas. A informação obtida é analisada e os requisitos são identificados. Utilizando os critérios "requisitos de tratamento" obtidos dos doentes e "tipos de procedimentos de diálise" obtidos dos clínicos, a investigação chega a uma hierarquia de decisão resolvida utilizando o Processo de Hierarquia Analítica (AHP).

A investigação utiliza o Quality Function Deployment (QFD) para identificar as necessidades dos pacientes e dos médicos. O

QFD foi desenvolvido com base nas necessidades dos doentes e nas necessidades dos médicos. As necessidades dos médicos foram interligadas com as características do produto de diálise e, além disso, as características do produto de diálise foram interligadas com os principais processos operacionais, ligando assim vários conjuntos de requisitos. A investigação destaca a decomposição funcional, a arquitetura funcional e a estrutura de decomposição funcional em vários níveis, reflectindo uma relação entre a arquitetura funcional e a arquitetura física.

O sistema de diálise no local foi representado utilizando o IDEF0 com as estruturas de decomposição de nível superior, de segundo nível e de terceiro nível. A síntese da conceção, a ficha de descrição do conceito de diálise, o diagrama esquemático, a gestão dos riscos, a matriz de probabilidade-impacto dos riscos foram também discutidos.

Autor

**AGRADECIMENTOS**

Expresso a minha gratidão ao Sr. Krishna Kumar B, que tem mais de três décadas de experiência no domínio da diálise em várias faculdades de medicina governamentais em Kerala, na Índia. O Sr. Krishna Kumar deu contributos valiosos através de opiniões de especialistas e de informações baseadas na experiência prática relacionada com o tema.

Expresso a minha sincera gratidão aos membros da comunidade médica, à indústria, aos meus colegas do meio académico e a todos os que contribuíram com recursos para este livro.

Satish Kumar Damodar

**PALAVRAS-CHAVE**

Aderência abdominal= Faixas de tecido fibroso cicatricial que se formam nos órgãos no abdómen, fazendo com que os órgãos se colem uns aos outros outro

Amiloidose = Doença rara causada pela deposição de amiloidose anormal deposição de certas proteínas (amilóides) em vários partes do corpo

Extrofia da bexiga = Anomalia congénita em que a bexiga e a as estruturas associadas não estão corretamente formadas

Cateter = Dispositivos médicos (tubo fino) que podem ser inseridos no corpo

Doença renal crónica= Condição caracterizada pela perda gradual de função renal

Dialisato = Um dos dois fluidos utilizados na diálise

Diverticulose =Condição de ter várias bolsas no cólon que não estão inflamados

Gastrosquise = Defeito congénito na parede abdominal do bebé em que os intestinos se encontram fora do corpo

Hemiplegia = Paralisia de um lado do corpo

Filtro HEPA =Um filtro de ar que deve remover 99,97% de 0,3 partículas de micro metros

Heparina = Um medicamento anticoagulante

Hérnia = Uma saída anormal de tecido ou de um órgão

Hipercalcémia = Uma quantidade anormalmente elevada de cálcio no sangue

Hipercalemia = Uma concentração anormalmente elevada de potássio no sangue

Hipocaliémia = Baixo nível de potássio no soro sanguíneo

Doença Inflamatória Intestinal = Inflamação prolongada que resulta em danos nos o trato gastro-intestinal

Isquémia = Uma condição em que o fluxo sanguíneo (ou o oxigénio) é restrição numa parte do corpo

Metastático = Disseminação de uma doença, especialmente de células cancerígenas, de uma parte do corpo para outra

Obesidade mórbida = Um estado de obesidade em que o índice de massa corporal está entre 40 e 40,9kg/m2

Mupirocina =Um antibiótico tópico utilizado no tratamento de infecções cutâneas

Onfalocele= Defeito congénito na parede abdominal em que o conteúdo sobressai através de uma abertura

Sistema no local= Um sistema que pode ser transportado por um veículo, camião ou comboio

Osmolalidade = Concentração da solução expressa como o total de número de partículas de soluto por quilograma

Osmose = Passagem do solvente de menor concentração para uma solução de concentração mais elevada, através de uma membrana semipermeável

Peritonite = Uma inflamação potencialmente fatal do abdómen revestimento

Racémico = Proporção igual de dextro-rotatório e forma rotatória do composto

Toxinas = Substância venenosa, produzida por bactérias, que causar doenças

Ultrafiltração =Uma filtração a alta pressão através de uma camada semipermeável membrana na qual as partículas coloidais são retidos enquanto o soluto e o solvente de pequenas dimensões são forçados a deslocar-se através de uma membrana por pressão hidrostática

## LISTA DE ABREVIATURAS

AHP : Analytic Hierarchy Process
Beta 2MG : Beta 2 Microglobulin
CAD : Computer Aided Design
CAE : Computer Aided Engineering
CAPD : Continuous Ambulatory Peritoneal Dialysis
CCPD : Continuous Cyclic Peritoneal Dialysis
CRRT : Continuous Renal Replacement Therapy
DoD : Department of Defense
DRA : Dialysis Related Amyloidosis
ESRD : End Stage Renal Disease
FDA : Food Drug Administration
GHTF : Global Harmonization Task Force
GMDN : Global Medical Devices Nomenclature
HD : Haemodialysis
HEPA : High Efficiency Particulate Absorber
ICU : Intensive Care Unit
IDEF0 : Integration Definition for Function Modelling
Incentre : Hospital or clinic
IL6 : Interleukin 6
IOT&E : Initial Operational Test & Evaluation
IPD : Intermittent Peritoneal Dialysis
kT/V : A measure of dialysis adequacy
LRIP : Low-Rate Initial Production
MEMS : Microelectromechanical Systems
NSPE : National Society of Professional Engineers
NHDD : Nocturnal Home Daily Dialysis

| | | |
|---|---|---|
| nPCR | : | Normal Protein Catabolic Rate |
| PD | : | Peritoneal Dialysis |
| pmp | : | Per Million Population |
| PTH | : | Parathyroid Hormone |
| QFD | : | Quality Function Deployment |
| RO | : | Reverse Osmosis |
| SEF | : | Systems Engineering Fundamentals |
| SLED | : | Sustained Low Efficiency Dialysis |
| SWOT | : | Strengths Weaknesses Opportunities & Threats |
| TEMP | : | Test Evaluation and Master Plan |
| TMP | : | Transmembrane Pressure |
| URR | : | Urea Reduction Rate |

# ÍNDICE DE CONTEÚDOS

PREFÁCIO ....................................................................................................1

AGRADECIMENTOS ......................................................................................3

LISTA DE ABREVIATURAS .........................................................................6

1. 0 SISTEMA DE DIÁLISE ..........................................................................10

2.0 SECTOR DOS DISPOSITIVOS MÉDICOS ..........................................26

3.0 GESTÃO MÉDICA DA DOENÇA RENAL ............................................61

4.0 SISTEMA DE DIÁLISE E PARTES INTERESSADAS ..........................78

5.0 PROCESSO DE DESENVOLVIMENTO DO SISTEMA DE DIÁLISE NO LOCAL ..........................................................................................96

6.0 EVOLUÇÃO DE UM SISTEMA DE DIÁLISE NO LOCAL ................110

7.0 PROCESSO DE ENGENHARIA DE REQUISITOS DE UM SISTEMA DE DIÁLISE NO LOCAL ..........................................................................117

8.0 ANÁLISE FUNCIONAL DE UM SISTEMA DE DIÁLISE NO LOCAL 211

9. 0 SÍNTESE DA CONCEPÇÃO DE UM SISTEMA DE DIÁLISE NO LOCAL ...............................................................................................229

10.0 FICHA DE DESCRIÇÃO CONCEPTUAL DE UM SISTEMA DE DIÁLISE NO LOCAL ...........................................................................232

11.0 VERIFICAÇÃO AO LONGO DO CICLO DE VIDA DO SISTEMA DE DIÁLISE NO LOCAL ...........................................................................234

12.0 GESTÃO DA CONFIGURAÇÃO, GESTÃO DE INTERFACES E CONTROLO DE ALTERAÇÕES ........ 240

13.0 GESTÃO DOS RISCOS ........ 245

14.0 CONCLUSÃO ........ 248

REFERÊNCIAS ........ 255

APÊNDICES ........ 265

# 1. OSISTEMA DE DIÁLISE

## 1.1 Introdução:

A diabetes e a hipertensão são as causas mais comuns de doença renal crónica (DRC). Atualmente, existem mais de 240 milhões de pessoas com diabetes e prevê-se que este número aumente para 380 milhões até 2025. Prevê-se que a população diabética aumente 20% na Europa, 50% na América do Norte, 85% na América Central e do Sul e 75% na região do Pacífico Ocidental. Os países com elevada prevalência de diabetes são a Índia, a China, os EUA, a Rússia e o Japão. O estilo de vida sedentário, o crescimento da população, a urbanização, o envelhecimento, os hábitos alimentares pouco saudáveis e o aumento da gordura corporal são os principais factores que contribuem para o aumento da taxa de doentes com diabetes mellitus. "A nível mundial, mais de 50% da população com diabetes não tem conhecimento da sua doença e não é tratada. Cerca de 40% das pessoas desenvolverão DRC, o que aumenta o risco de complicações cardiovasculares e outras complicações da diabetes" (Bakris, 2009).

Atualmente, há mil milhões de pessoas que sofrem de hipertensão e prevê-se que este número aumente para 1,56 mil milhões até 2025. "Um relatório recente sugere que, durante o ano 2000, estima-se que 333 milhões de adultos em regiões economicamente desenvolvidas, como a América do Norte e a Europa, sofriam de hipertensão arterial; e mais 639 milhões de pessoas nos países em desenvolvimento sofriam desta doença" (Bakris, 2009). A incidência de doentes com doença renal em fase terminal (DRT) tratados com terapia de substituição renal varia enormemente consoante o nível de riqueza do país. Os países desenvolvidos, como a América do Norte, a Europa e o Japão, têm uma elevada incidência de insuficiência renal terminal tratada, enquanto os países emergentes têm uma incidência muito baixa de insuficiência renal terminal tratada. Existem mais de 1 milhão de doentes em diálise em todo o mundo, com uma incidência de cerca de um quarto de milhão de novos doentes por ano" (Moeller, 2002).

## 1.2 Necessidade de um sistema de diálise no local:

A hemodiálise é um domínio médico especializado, com um peso na economia devido ao elevado custo da terapia. Os doentes que sofrem de doença renal em fase terminal (ESRD) e que vivem em locais remotos, zonas rurais e regiões montanhosas são demasiado fracos para se deslocarem a cidades distantes para se submeterem a hemodiálise. É necessário um sistema de hemodiálise com elevada integridade do sistema para satisfazer as necessidades dos doentes em termos de diálise no local.

Os doentes com doença renal em fase terminal (ESRD) estão a aumentar devido à elevada prevalência de diabetes e hipertensão, a principal causa de doença renal crónica.

Em caso de catástrofes naturais inesperadas, tais como terramotos, inundações e catástrofes causadas por conflitos e guerras, é necessário dispor de uma instalação de tratamento de diálise (diálise a pedido) no local para salvar a vida das vítimas que necessitam de diálise.

## 1.3Estrutura do livro:

O livro centra-se nos processos de engenharia de sistemas que transformam os requisitos em especificações, projectos de arquitetura e subsistemas.

As três principais actividades envolvidas são:

Fase de desenvolvimento (processo de conceção)

Fase do processo de engenharia de sistemas (transforma os requisitos em especificações de sistemas) e

Fase de integração do ciclo de vida (viabilidade do sistema ao longo do ciclo de vida).

A fase de desenvolvimento ocorre ao nível do conceito, do sistema e do subsistema.

O processo de engenharia de sistemas é definido como o processo que transforma as necessidades e os requisitos num conjunto de produtos e descrições de sistemas. Os processos de engenharia de sistemas geram informações e fornecem dados para o nível seguinte de desenvolvimento.

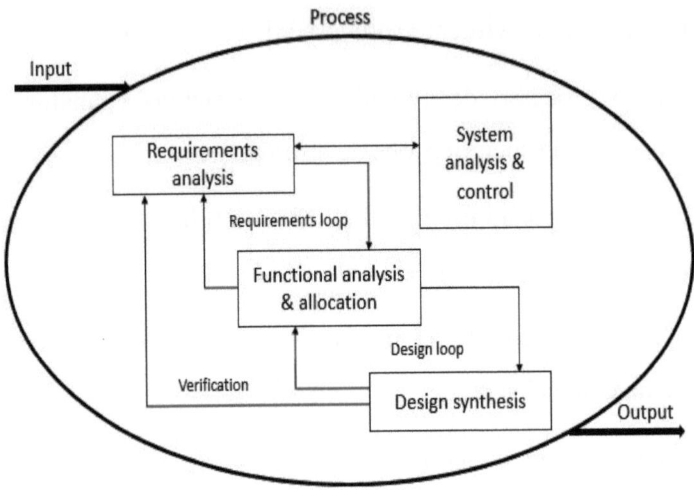


Figura 1: Uma perspetiva de engenharia de sistemas da análise de requisitos (Fonte: Systems Engineering Fundamentals, 2001)

As actividades fundamentais da engenharia de sistemas são a análise dos requisitos, a análise funcional e a síntese da conceção, equilibradas por ferramentas e técnicas de análise e controlo do sistema, como se mostra na figura 1.

As entradas incluem as necessidades do cliente, os objectivos e as restrições do projeto.

Os principais clientes são os técnicos de diálise, os doentes com doença renal em fase terminal, os nefrologistas e os prestadores de serviços do sistema de diálise no local.

Os clientes são identificados utilizando o diagrama de cebola das partes interessadas e categorizados.

*A análise de requisitos envolve as seguintes etapas:*

Análise do sistema de diálise e do ambiente

Identificação dos requisitos funcionais para o sistema de diálise no local

Definição do desempenho e conceção do sistema de diálise no local

Avaliação dos requisitos de restrição para o sistema de diálise no local

*A análise funcional refere-se a*

Decomposição para a função de nível inferior do sistema de diálise no local utilizando diagramas de blocos de fluxo funcional,

Análise do calendário e ficha de requisitos para o sistema de diálise no local

Atribuição do desempenho e de outros requisitos a todos os níveis funcionais do sistema de diálise no local

Definição das interfaces funcionais e integração da arquitetura funcional do sistema de diálise no local

*A síntese envolve*

Transformar a arquitetura do sistema de diálise móvel de funcional em física

Definição de conceitos de sistemas alternativos, elementos de configuração e elementos de sistema para o sistema de diálise móvel

Aperfeiçoamento das interfaces físicas

O ciclo de conceção especifica a forma como o sistema irá desempenhar a sua missão. A verificação é efectuada através de uma análise, de um exame e de uma demonstração.

A análise do sistema refere-se a estudos de compromisso, análise de eficácia e análises de conceção. As actividades de controlo referem-se à gestão de riscos, gestão da configuração, gestão de dados e revisões TPM. O resultado depende do desenvolvimento e inclui especificações relacionadas com a fase de desenvolvimento do produto.

A integração do ciclo de vida é conseguida através do Desenvolvimento Integrado de Produtos (processo de conceção simultânea) ou IPPD. A Equipa de Produto Integrado é responsável pela conceção de uma solução que satisfaça os requisitos dos clientes

## 1.4Um projeto de sistema de diálise no local:

Um sistema de diálise no local foi concebido para proporcionar a comodidade da diálise no local pretendido. O desenvolvimento de um sistema deste tipo é útil em situações de catástrofe, resposta humanitária durante crises e guerras, e aumento temporário da procura de diálise (devido a refugiados ou turistas). Um sistema de diálise no local oferece serviços de diálise em áreas remotas e reduz o tempo de deslocação e o trauma causado aos doentes.

Um sistema de diálise no local é constituído por uma unidade móvel com subsistemas de hemodialisador, purificador de água com osmose inversa, reservatório de água, cadeiras de diálise e energia eléctrica de reserva. A unidade de diálise no local contém igualmente um monitor deliberador, um respirador artificial e equipamento de emergência e de salvamento. Um sistema de diálise no local pode ser uma unidade de diálise para um único doente, unidades múltiplas ou modulares. Estas unidades podem ser montadas num curto espaço de tempo e integradas nas infra-estruturas existentes. A rápida instalação permite à equipa médica iniciar rapidamente a prestação de cuidados de saúde e, assim, lidar com situações críticas de emergência e urgência.

## 1.5 Principais características de um sistema de diálise no local:

Instalação de cuidados para um máximo de 6 pacientes com uma unidade de diálise adicional e uma unidade móvel de osmose inversa em reserva. Estão previstas características como acesso para deficientes, posto de enfermagem, pequena sala de repouso, fornecimento de eletricidade e água. O sistema inclui iluminação, ar condicionado, gás medicinal, extintor de incêndio, ventilação com filtros HEPA (High Efficiency Particulate Absorber), alarme de intrusão, um sistema de alimentação eléctrica ininterrupta e um sistema de comunicação.

## 1.6 Função do ciclo de vida de um sistema de diálise no local:

A função do ciclo de vida inclui o desenvolvimento do conceito, a produção, a implantação, o funcionamento, o apoio e a eliminação do sistema de diálise no local, tal como ilustrado na Figura 2 abaixo.

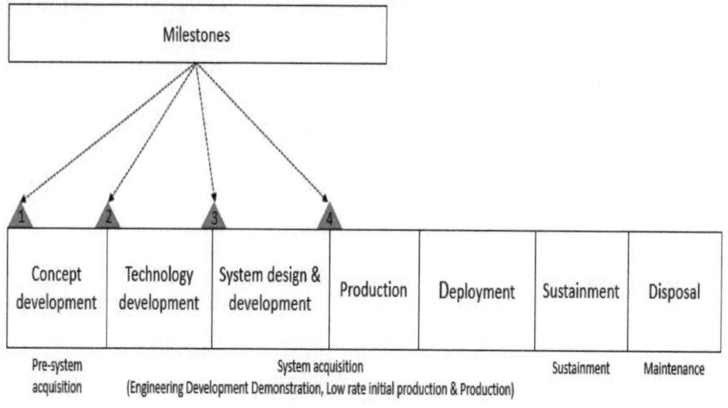

Figura 2: Fases do desenvolvimento de sistemas (Fonte: Systems engineering fundamentals, 2001)

Desenvolvimento: Todas as actividades necessárias para produzir o sistema do ponto de vista do cliente.

Produção: Refere-se ao fabrico do modelo de ensaio de engenharia, desde o baixo volume inicial até à produção em escala de volume total.

Implantação: Actividades relacionadas com o transporte, a receção, a montagem, a instalação, o armazenamento, a formação e a operação do sistema para atingir a sua capacidade operacional total.

Funcionamento: Actividades realizadas pelo utilizador do sistema para satisfazer o objetivo para o qual o sistema foi construído

Apoio: Actividades relacionadas com a manutenção, logística e gestão de materiais

Eliminação: Actividades relacionadas com a desativação ou reciclagem do sistema no fim da sua vida útil

Formação: Todas as actividades destinadas a manter os níveis de conhecimentos e competências do pessoal, a fim de aumentar a eficiência e a eficácia

Verificação: Todas as actividades destinadas a medir o desempenho e a eficácia do sistema e dos processos

1. 7Resumo dos capítulos seguintes:

A parte restante do livro está organizada em capítulos, como se segue:

Capítulo 2: Sector dos dispositivos médicos

Este capítulo trata da introdução à indústria dos dispositivos médicos, dos intervenientes dominantes no segmento, do segmento de mercado dos dispositivos médicos, do mercado dos dispositivos médicos por região geográfica, das aquisições e inovações na indústria dos dispositivos médicos, dos intervenientes nos sistemas de diálise no local/modular

Capítulo 3: Tratamento médico da doença renal

Este capítulo apresenta uma introdução à diálise, Terapia de Substituição Renal (TSR), Hemodiálise e seus tipos, diálise peritoneal e seus tipos, indicações e contra-indicações da diálise, sistema de hemodiálise e processo de hemodiálise, sistema de diálise peritoneal e processo de diálise peritoneal, sistema de diálise no local

Capítulo 4: Engenharia de sistemas na tecnologia médica

Este capítulo trata da aplicação da engenharia de sistemas no domínio da tecnologia médica. Este capítulo destaca o sistema de interesse, o sistema de diálise e as partes interessadas, o diagrama de cebola das partes interessadas do sistema, os diferentes tipos de sistemas de diálise no local/modulares

Capítulo 5: Processo de desenvolvimento do sistema de diálise no local

Este capítulo destaca o diagrama de Vee da engenharia de sistemas, o ciclo de vida dos sistemas, a engenharia de sistemas na fase de aquisição do sistema de diálise no local, a fase de exploração do conceito do sistema de diálise no local e o desenvolvimento do sistema de diálise no local ao longo do ciclo de vida.

Capítulo 6: Evolução do sistema de diálise no local

Este capítulo trata da evolução de um sistema de diálise no local e do ciclo de vida dos produtos de diálise

Capítulo 7: Processo de engenharia de sistemas de diálise no local

Este capítulo aborda os processos de requisitos de engenharia dos sistemas de diálise móvel, o cenário de diálise, a captação dos requisitos de diálise, a identificação dos níveis de requisitos de diálise, a obtenção dos requisitos das partes interessadas na diálise, os requisitos do sistema e os requisitos de conceção, a decomposição dos requisitos de diálise, a identificação dos objectivos da diálise, a identificação dos métodos de tratamento, hierarquia de decisões com base nos procedimentos de diálise preferidos, aplicação do AHP aos métodos de tratamento e classificação de vários sistemas de diálise com base no AHP, aplicação do princípio da Casa da Qualidade (Quality Function Deployment) aos requisitos dos doentes e aos requisitos clínicos, requisitos clínicos e características das peças, características das peças e operações-chave do processo.

Capítulo 8: Análise funcional e afetação

Este capítulo destaca as ferramentas e técnicas utilizadas na descrição de um sistema de diálise no local, realçando os parâmetros de desempenho do sistema. Este capítulo descreve a decomposição funcional, a arquitetura funcional, a estrutura de decomposição de funções, a arquitetura funcional e física, os diagramas de blocos de fluxo funcional e o IDEF0 nos níveis 1, 2 e 3 do sistema de diálise no local.

Capítulo 9: Síntese do projeto

A síntese da conceção trata do desenvolvimento de conceitos de um sistema de diálise no local utilizando a descrição funcional. O ciclo de conceção é a ligação entre a arquitetura física e a arquitetura funcional. O desenho assistido por computador (CAD) é a ferramenta utilizada na síntese do desenho. A engenharia assistida por computador (CAE) é utilizada na análise de requisitos ao longo do diagrama em V da engenharia de sistemas de diálise no local.

Capítulo 10: Ficha de descrição concetual do sistema de diálise no local

Este capítulo descreve de forma pictórica como um sistema de diálise no local se integra noutros sistemas para satisfazer as suas necessidades funcionais e de desempenho. O diagrama de blocos esquemático descreve os sistemas e subsistemas, bem como as suas ligações, utilizando um diagrama de blocos.

Capítulo 11: Verificação ao longo do ciclo de vida do sistema de diálise no local

Este capítulo destaca a construção do modelo correto (verificação) e a construção do modelo correto (validação). A verificação inclui a análise, a inspeção, a demonstração, o teste e a avaliação, centrando-se nos requisitos de conceção.

Capítulo 12: Gestão da configuração, gestão das interfaces e controlo das alterações

Este capítulo destaca a configuração, em que o sistema é verificado para satisfazer as expectativas de desempenho do operador/utilizador. A configuração garante que as alterações introduzidas no sistema são corretamente documentadas e respeitadas, de modo a obter um funcionamento eficiente do sistema. A gestão das interfaces garante que as partes não relacionadas do sistema funcionam em conjunto, de acordo com os requisitos. O documento de controlo das alterações garante que as alterações necessárias são introduzidas de forma controlada ao longo do ciclo de vida da diálise.

Capítulo 13: Gestão dos riscos

Este capítulo destaca vários riscos associados às partes interessadas e ao sistema de diálise no local ao longo do seu ciclo de vida. A matriz probabilidade-impacto associada ao risco também é discutida.

Capítulo 14: Conclusão

Este capítulo aborda a prevalência da diálise e a acessibilidade económica dos doentes. A comparação par a par do AHP reflectiu que a "acessibilidade económica" é considerada tão importante como a "eficácia" ou a "segurança" devido ao estado de saúde prevalecente na Índia. A utilização do sistema especializado em nefrologia é uma oportunidade para o desenvolvimento futuro.

## 2.0 SECTOR DOS DISPOSITIVOS MÉDICOS

### 2.1 Introdução:

Dispositivo médico é qualquer instrumento, material, aparelho, equipamento, aparelho ou qualquer artigo utilizado no sistema de prestação de cuidados de saúde. Os benefícios dos dispositivos médicos incluem a redução dos custos, a competitividade, a produtividade, a criação de emprego e a melhoria dos cuidados de saúde. Os produtos no segmento dos dispositivos médicos são dispositivos cirúrgicos simples, instrumentos médicos, equipamento electromédico, equipamento de diagnóstico, pacemakers e produtos complexos, como sistemas de imagiologia médica. Existem mais de 40.000 produtos em 8.000 famílias de produtos diferentes (Eucomed, 2008). A Nomenclatura Mundial de Dispositivos Médicos (GMDN) segmentou os dispositivos médicos da seguinte forma: Quadro 1:

Quadro 1: Nomenclatura mundial dos dispositivos médicos

| Código 01 | Dispositivos implantáveis activos |
|---|---|
| Código 02 | Dispositivos anestésicos e respiratórios |
| Código 03 | Dispositivos dentários |
| Código 04 | Dispositivos médicos electromecânicos |
| Código 05 | Hardware hospitalar |
| Código 06 | Dispositivos de diagnóstico in-vitro |
| Código 07 | Dispositivos implantáveis não activos |
| Código 08 | Dispositivos oftálmicos e ópticos |

| Código 09 | Instrumentos reutilizáveis |
|---|---|
| Código 10 | Dispositivos de utilização única |
| Código 11 | Ajudas técnicas para pessoas com deficiência |
| Código 12 | Dispositivos de diagnóstico e terapêutica por radiação |

(Fonte: Eucomed, 2008)

## 2.2 Cenário do sector:

O tamanho do mercado de dispositivos médicos em 2020 alcançou um volume de negócios de US $ 456,9 bilhões durante o ano de 2019, com uma taxa composta de crescimento anual (CAGR) de 4,4% desde 2015. Espera-se que o mercado diminua cerca de -3,2% para US $ 442,5 bilhões em 2020; sugerindo que os bloqueios impostos pelos governos prejudicaram a cadeia de suprimentos na indústria de fabricação de dispositivos médicos. No entanto, uma exceção a esta situação é o segmento dos ventiladores fabricados para a pandemia do coronavírus. Prevê-se que o mercado dos dispositivos médicos recupere e atinja 603,5 mil milhões de dólares em 2023, uma CAGR sugerida de 6,1% (Business Research Company, 2020). O mercado mundial dos dispositivos, equipamentos e materiais médicos está estimado em 800 mil milhões de dólares em 2030

(EvaluateMedTech, 2016). A Evaluate MedTech (2016) sugeriu que a indústria mundial de tecnologias médicas deverá registar um crescimento anual de 5,2% (CAGR) entre 2015 e 2022, com base em previsões de 300 empresas líderes mundiais neste sector. O maior sector da indústria MedTech é o diagnóstico invitro, com receitas de vendas de 70,8 mil milhões de dólares (mais de 13% do total da indústria) e um crescimento de cerca de 5,6% entre 2015 e 2022. Este segmento continuará a dominar a posição até 2022. No entanto, o segmento com crescimento máximo entre os 15 principais dispositivos foi registado no segmento da neurologia (7,6% de crescimento CAGR) durante o mesmo período (EvaluateMedTech, 2016).

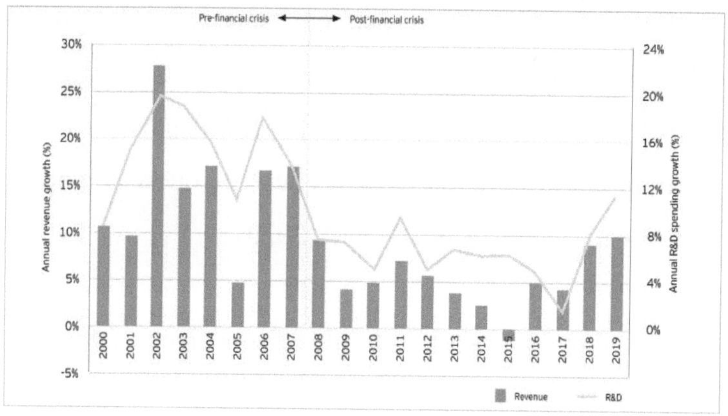

Figura 3: Receitas e crescimento do sector MedTech em 2000-2019 (Fonte: EYGM, 2020)

Uma análise dos relatórios financeiros do sector da tecnologia médica durante o primeiro e o segundo trimestres de 2020 revela que cerca de dois terços dos líderes comerciais dos EUA (empresas de tecnologia médica puras com mais de 500 milhões de dólares de receitas anuais) e os conglomerados registaram um declínio agregado das receitas de 5% (EYGM, 2020). Uma vez que os doentes se mantiveram afastados dos hospitais onde a pandemia de Covid-19 dominava, os procedimentos foram adiados e, consequentemente, as empresas do sector dos procedimentos cirúrgicos reflectiram um novo declínio das receitas no segundo trimestre de 2020. Oito empresas, principalmente centradas em procedimentos electivos, registaram um declínio das receitas de 15% ou mais durante o primeiro semestre de 2020 (EYGM, 2020).

## 2.3Fusões e aquisições no sector dos dispositivos médicos:

Outra caraterística significativa do sector é o facto de as fusões e aquisições terem abrandado e caído de 251 negócios em 2015 para 165 em 2019, reduzindo o valor da dimensão média dos negócios de 1095 milhões de dólares para 599 milhões de dólares durante o período correspondente (Cairns, 2020).

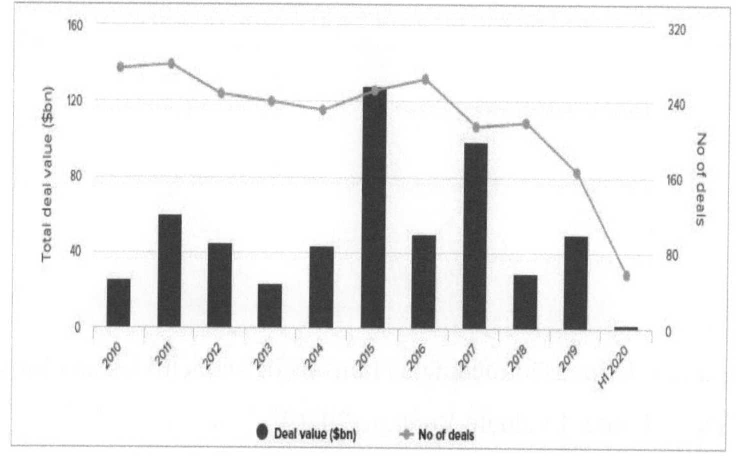


Figura 4: Fusões e aquisições no sector MedTech (Fonte: Evaluate Vantage 2020)

A pandemia do coronavírus reduziu ainda mais as fusões e aquisições para 57 negócios, no valor de 108 milhões de dólares, durante o primeiro semestre de 2020 (Cairns, 2020).

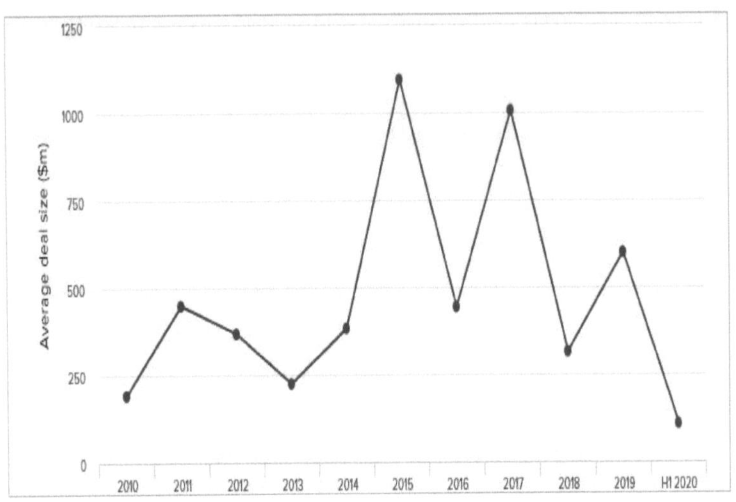


Figura 5: Dimensão média das transacções concluídas na última década (Fonte: Evaluate Vantage 2020)

O ano de 2020 afectou a indústria MedTech de tal forma que as consultas e as cirurgias foram adiadas, uma vez que a profissão médica estava empenhada em lidar com a pandemia do coronavírus. As três principais aquisições de 2020 são apresentadas no quadro 2 infra.

O principal negócio de aquisição durante 2020 foi a aquisição da Qiagen pela Thermo Fisher no segmento de diagnóstico molecular e doenças infecciosas, avaliada em 12,5 mil milhões de dólares em agosto de 2020, e o segundo grande negócio foi a aquisição da Wright Medical pela Stryker por 5,4 mil milhões de dólares em setembro de 2020 (EYGM, 2020).

As aquisições no sector da saúde digital receberam um impulso com a pandemia de Covid-19, que resultou na mudança para a tecnologia digital para serviços de diagnóstico e de saúde em linha e à distância.

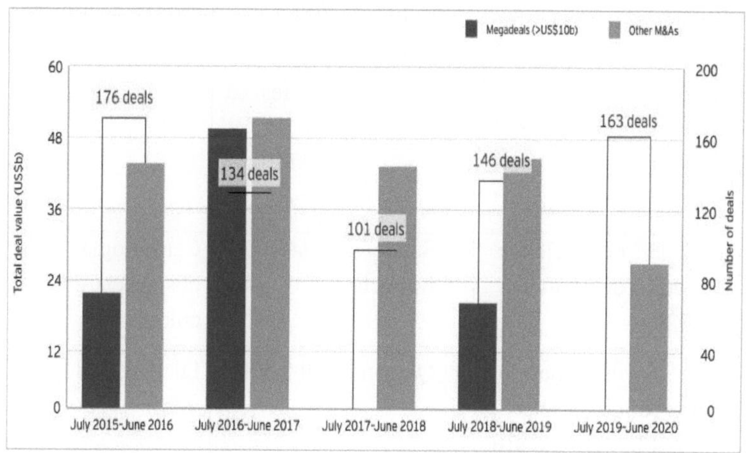


Figura 6: Fusões e aquisições de 2015 a 2020 na Europa e nos EUA (Fonte: EYGM, 2020)

O segmento digital tem recebido muito mais atenção devido ao ataque da pandemia. A procura de termómetros digitais sem contacto para medir a temperatura, o diagnóstico remoto em linha e a telemedicina também aumentaram devido à pandemia de Covid-19. Espera-se que a procura de dispositivos digitais cresça ainda mais com o aumento dos dispositivos portáteis por parte do público, que se torna cada vez mais preocupado com a saúde devido ao medo induzido pela pandemia.

Quadro 2: As três principais aquisições de 2020

| Anúncio do acordo | Adquirente | Empresa-alvo | Valor da transação $Milhões | Segmento em foco |
|---|---|---|---|---|
| 12 de janeiro de 2020 | Teledoc Saúde | Saúde Intouch | 600 | Cardiologia, obstetrícia/ginecologia |
| 3 de março de 2020 | Thermo Fisher Scientific | Qiagen | 11,500 | Diagnóstico in vitro |
| 22 de junho de 2020 | Invitae | Arqueiro DX | 1400 | Diagnóstico in vitro |
| As três principais transacções fechadas durante o primeiro semestre de 2020 | | | | |

| Data de conclusão da transação | Adquirente | Empresa-alvo | Valor da transação $Milhões | Segmento em foco |
|---|---|---|---|---|
| 12 de fevereiro de 2020 | Laborie Medical Technologies | Inovações clínicas | 525 | TI para cuidados de saúde, diagnóstico invitro, gastroenterologia, obstetrícia/ginecologia |
| 18 de fevereiro de 2020 | Baxter International | Divisão Produtos Sepra (Sanofi) | 350 | Cirurgia geral, cirurgia plástica |
| 2 de abril de 2020 | Tecnologia Align | Exocad | 420 | TI no sector da saúde, dentário |

(Fonte: Evaluate MedTech, 2020

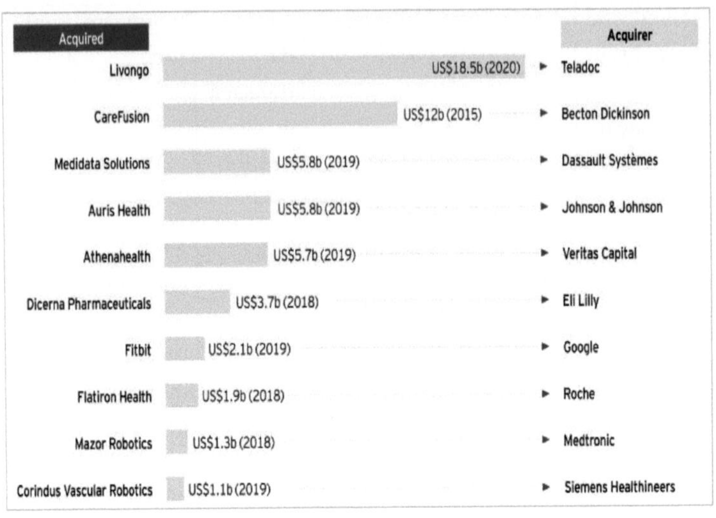
Acquired
Acquirer
Livongo
US$18.5b (2020)
Teladoc
CareFusion
US$12b (2015)
Becton Dickinson
Medidata Solutions
US$5.8b (2019)
Dassault Systèmes
Auris Health
US$5.8b (2019)
Johnson & Johnson
Athenahealth
US$5.7b (2019)
Veritas Capital
Dicerna Pharmaceuticals
US$3.7b (2018)
Eli Lilly
Fitbit
US$2.1b (2019)
Google
Flatiron Health
US$1.9b (2018)
Roche
Mazor Robotics
US$1.3b (2018)
Medtronic
Corindus Vascular Robotics
US$1.1b (2019)
Siemens Healthineers

Figura 7: Aquisições no sector da saúde digital em 2020 (Fonte: Ernst Young, 2020)

2.4Despesas com cuidados de saúde a nível mundial:

É provável que as despesas com os cuidados de saúde aumentem devido a uma maior sensibilização para a saúde, ao aumento dos sistemas de saúde pública e ao aumento das despesas com os cuidados de saúde. O estudo da Deloitte de 2020 revelou que as despesas com cuidados de saúde deverão aumentar de 2,7% CAGR em 2014-2018 para 5% CAGR durante 2019-2023 (World Industry Outlook, 2019). Prevê-se uma aceleração das despesas com cuidados de saúde no Médio Oriente/África, com um aumento de 7,4%, e na Ásia, com um aumento de 7,1% das despesas (Deloitte Insight 2019). As despesas globais com cuidados de saúde em percentagem do PIB continuam a manter-se em 10,2% ao longo de 2023 (equivalente ao rácio de 2018) (Deloitte Insight 2019). A percentagem das despesas per capita será desigual entre os países desenvolvidos, em desenvolvimento e menos desenvolvidos. Prevê-se que a percentagem das despesas de saúde nos EUA seja de 12262 dólares em comparação com a do Paquistão, que é de 45 dólares em 2023 (Deloitte Insight 2019).

Prevê-se que a população mundial de 7,7 mil milhões de pessoas em 2019 atinja 8,5 mil milhões em 2030 (Nações Unidas, 2019), o que reflecte um constrangimento financeiro e de recursos para satisfazer as necessidades de cuidados de saúde. Prevê-se que a esperança de vida global aumente de 73,7 anos em 2018 para 74,7 anos em 2023 (Deloitte Insight 2019). As pessoas com mais de 65 anos serão mais de 686 milhões (11,8% do total da população mundial) em 2023 (Deloitte Insight 2019). Este número será mais elevado no Japão, com a percentagem de pessoas com 65 anos ou mais a atingir 29% da população, enquanto este número será de 22% na Europa Ocidental (Deloitte Insight 2019). Consequentemente, é provável que o mercado geriátrico global reflicta receitas superiores a 1,4 biliões de dólares até 2023 (Majerol & Carroll, 2018).

As doenças relacionadas com o estilo de vida, como as doenças isquémicas do coração, os acidentes vasculares cerebrais, as doenças pulmonares obstrutivas crónicas, as perturbações respiratórias e a diabetes mellitus, contribuíram para 21,3 % das mortes a nível mundial em 2016 (Deloitte Insight, 2019). De acordo com a Deloitte (2019), "aproximadamente 425 milhões de pessoas são afectadas pela diabetes em todo o mundo em 2017, sendo a China, a Índia e os EUA responsáveis por 114,4 milhões, 72,9 milhões e 30,2 milhões, respetivamente. Prevê-se que este número aumente 48% para 629 milhões até 2045" (Deloitte Insight 2019).

As doenças transmissíveis, a mortalidade materna e infantil e as perturbações nutricionais constituem uma grande ameaça para os países em desenvolvimento e menos desenvolvidos. Mais de 50 milhões de pessoas com 60 anos ou mais são afectadas pela demência a nível mundial e prevê-se que este número aumente 82 milhões até 2030 e 152 milhões até 2050 (Deloitte Insight, 2019).

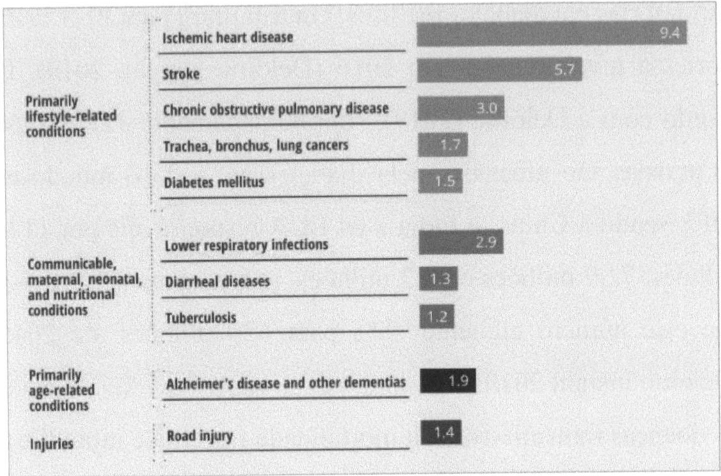


Figura 8: As 10 principais causas de morte a nível mundial em 2016 (em milhões) (Fonte: Deloitte Insight 2019).

## 2. 5Empresas líderes no sector MedTech:

As 20 principais empresas de tecnologia médica classificadas por receita em 2019 (MDDI, 2020) são apresentadas no Quadro 3 abaixo:

Quadro 3: As 20 principais empresas de tecnologia médica por receitas em 2019 (Fonte: MDDI, 2020)

| Classificação | Empresa | Receitas (Milhões de dólares) | Capitalização de mercado (milhões de dólares) | País de origem |
|---|---|---|---|---|
| 1 | Medtronic plc | $30,891 | $1,59,545 | Irlanda |
| 2 | Johnson e Johnson | $25,963 | $3,83,910 | Estados Unidos |
| 3 | Laboratórios Abbott | $19,952 | $1,57,393 | Estados Unidos |
| 4 | General Electric Company | $19,942 | $97,470 | Estados Unidos |

| | | | | |
|---|---|---|---|---|
| 5 | Fresenius Medical Care AG & Co. KGaA | $19,264 | $22,136 | Alemanha |
| 6 | Becton, Dickinson e Companhia | $17,290 | $75,092 | Estados Unidos |
| 7 | Siemens Healthineers AG | $16,090 | $48,117 | Alemanha |
| 8 | Cardinal Health Inc. | $15,749 | $14,790 | Estados Unidos |
| 9 | Koninklijke Philips N.V. | $14,738 | $44,668 | Países Baixos |
| 10 | Stryker Corporation | $14,549 | $79,436 | Estados Unidos |
| 11 | Baxter International Inc. | $11,080 | $45,812 | Estados Unidos |
| 12 | Boston Scientific Corporation | $10,392 | $61,719 | Estados Unidos |
| 13 | Zimmer Biomet Holdings, Inc. | $7,928 | $30,725 | Estados Unidos |
| 14 | Essilor Luxottica S.A. | $7,813 | $65,411 | França |
| 15 | Empresa 3M | $7,431 | $1,01,450 | Estados Unidos |
| 16 | Olympus Corporation | $7,273 | $20,569 | Japão |

| | | | | |
|---|---|---|---|---|
| 17 | Danaher Corporation | $6,562 | $1,17,419 | Estados Unidos |
| 18 | Terumo Corporation | $5,644 | $27,000 | Japão |
| 19 | Smith & Nephew plc | $4,949 | $21,453 | Reino Unido |
| 20 | Intuitive Surgical, Inc. | $4,247 | $69,348 | Estados Unidos |

## 2. 6Análise por segmentos:

No ano de 2019, os segmentos de diagnóstico sem imagem registaram um crescimento das receitas de 12,2%, tornando o crescimento deste segmento comparável ao dos dispositivos terapêuticos com um crescimento de 12,5% (EY, 2020). A elevada taxa de crescimento de 12,5% foi alcançada pelos dispositivos terapêuticos devido ao spinoff da Novartis sobre a Alcon como uma empresa autónoma, sem a qual os dispositivos terapêuticos alcançaram um crescimento de 7,7%. No ano de 2019, o desempenho da Exact Sciences, uma empresa do segmento de diagnósticos sem imagem duplicou a venda do produto Cologuard para 1,7 milhões nos EUA, aumentando assim a sua receita para 876 milhões de dólares, um crescimento de 96% (EY, 2020). O desempenho a longo prazo do sector MedTech depende da inovação e da rápida introdução de novos produtos.

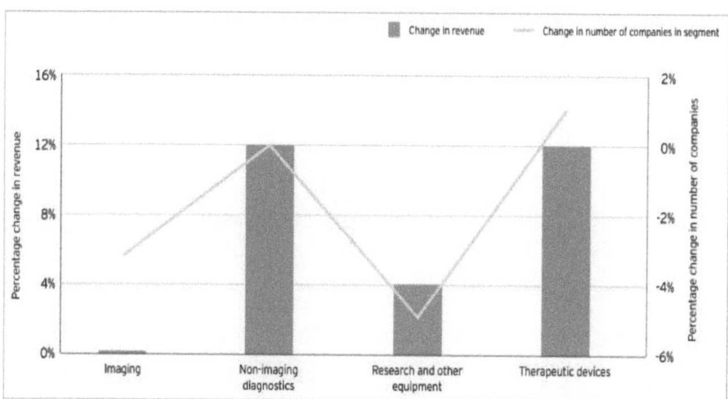


Figura 9: Receitas dos principais segmentos em crescimento durante 2019 (Fonte: Ernst Young 2020)

O diagnóstico in vitro continuará a dominar o mercado, seguido da cardiologia e do diagnóstico por imagem, como mostra a Figura 10.

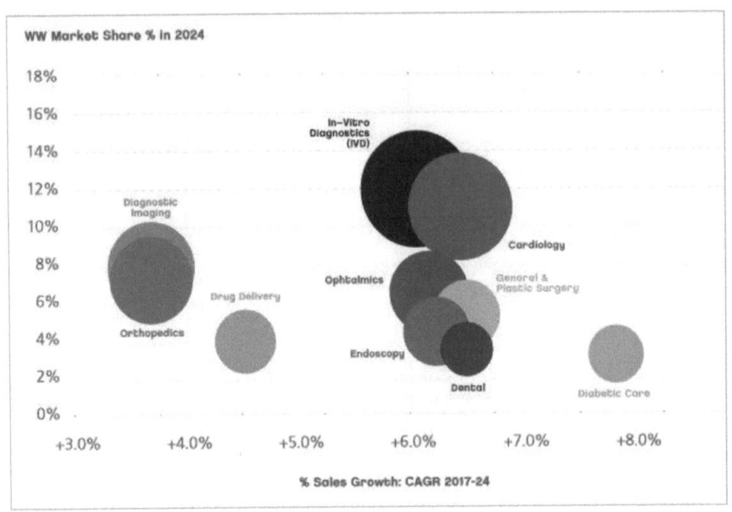


Figura 10: Quota de mercado e crescimento do mercado dos segmentos de dispositivos médicos a nível mundial (Fonte: Evaluate, 2018)

2. 7Segmentos geográficos:

A análise por segmento de mercado geográfico do mercado dos dispositivos médicos revela que a América do Norte detém a maior quota, representando 53% do mercado total, seguida da Europa com 43,93%, da Ásia-Pacífico e da China com 33,77% e do Médio Oriente e África com 4,26%, respetivamente, durante o ano de 2017.

Quadro 4: Estimativa das vendas mundiais de MedTech dos 15 principais segmentos para o ano de 2022

| Segmento | Vendas mundiais (mil milhões de dólares) | | CAGR | Quota de mercado | | Alterar |
|---|---|---|---|---|---|---|
| | 2017 | 2022 | Crescimento% | 2017 | 2022 | |
| Diagnóstico in vitro | 62.2 | 77.6 | +4.5% | 14.2 | 13.2 | -0.9 |
| Cardiologia | 50.1 | 69.9 | +6.9 | 11.4 | 11.9 | +0.5 |
| Diagnóstico por imagem | 43.1 | 53.9 | +4.6 | 9.8 | 9.2 | -0.6 |
| Ortopedia | 38.7 | 49.8 | +5.2 | 8.8 | 8.5 | -0.3 |
| Oftalmologia | 29.1 | 39.7 | +6.5 | 6.6 | 6.8 | +0.2 |
| Cirurgia geral e plástica | 22.8 | 31.2 | +6.5 | 5.2 | 5.3 | +0.1 |
| Endoscopia | 20.1 | 28.8 | +7.5 | 4.6 | 4.9 | +0.3 |
| Administração de medicamentos | 20.7 | 27.6 | +5.9 | 4.7 | 4.7 | +0.0 |
| Dentária | 14.4 | 20.0 | +6.8 | 3.3 | 3.4 | +0.1 |
| Tratamento de feridas | 14.4 | 19.0 | +5.6 | 3.3 | 3.2 | -0.1 |
| Cuidados com os diabéticos | 12.5 | 18.2 | +7.9 | 2.8 | 3.1 | +0.3 |
| Nefrologia | 12.3 | 16.4 | +5.8 | 2.8 | 2.8 | 0.0 |

| | | | | | | |
|---|---|---|---|---|---|---|
| Fornecimento geral para hospitais e cuidados de saúde | 12.0 | 14.4 | +3.7 | 2.7 | 2.5 | -0.3 |
| Neurologia | 8.5 | 13.0 | +9.0 | 1.9 | 2.2 | +0.3 |
| Ouvido, nariz e garganta | 9.0 | 12.5 | +6.8 | 2.0 | 2.1 | +0.1 |
| Outros (tratamento de feridas, TI para os cuidados de saúde, etc.) | 68.6 | 93.5 | +6.4 | 15.7 | 16.0 | +0.3 |
| Total | 438.2 | 585.4 | 6.0% | | | |

(Fonte: Awasthi & Stanick, 2018)

Quadro 5: Potencial de mercado estimado para o segmento geográfico MedTech para o ano de 2022

| Segmento geográfico | Receitas mil milhões de dólares 2017 | % do total | Receitas mil milhões de dólares 2022 (previsto) | % do total (previsto) | Crescimento % CAGR |
|---|---|---|---|---|---|
| América do Norte | 162 | 53.11 | 207 | 49.05 | 5% |
| *EUA* | *155* | *50.82* | *198* | *46.91* | |
| *Canadá* | *7* | *2.30* | *9* | *2.13* | |

| | | | | | |
|---|---|---|---|---|---|
| *México* | *6* | *1.97* | *7* | *1.66* | |
| Europa | 134 | 43.93 | 163 | 38.62 | 4% |
| *Alemanha* | *26* | *8.52* | *44* | *10.42* | |
| *França* | *20* | *6.56* | *25* | *5.92* | |
| *Reino Unido* | *15* | *4.91* | *19* | *4.50* | |
| *Itália* | *13* | *4.26* | *14* | *3.31* | |
| *Espanha* | *6* | *1.97* | *7* | *1.66* | |
| Ásia Pacífico e China (APAC) | 103 | 33.77 | 157 | 37.20 | 8.8% |
| *Japão* | *29* | *9.50* | *33.7* | *7.99* | |
| *China* | *20* | *6.56* | *30.6* | *7.25* | |
| *Índia* | *4.9* | *1.60* | *8.8* | *2.08* | |
| América Latina (LATAM) | 27 | 8.85 | 40 | 9.48 | 8.6% |
| *Brasil* | *8* | *2.62* | *12.2* | *2.89* | |

| *Colômbia* | *2* | *0.66* | *3.7* | *0.88* | |
|---|---|---|---|---|---|
| Médio Oriente e África (MEA) | 13 | 4.26 | 18 | 4.26 | 7.3% |
| *Turquia, Arábia Saudita e Emirados Árabes Unidos* | *7* | *2.30* | *10* | *2.37* | |
| *África* | *7* | *2.30* | *8* | *1.89* | |
| Total do mercado MedTech | 305 | 100 | 422 | 100 | |

(Fonte: Awasthi & Stanick, 2018)

2. 8Desempenho da MedTech na última década:

Os anos de 2008 e 2009 reflectiram uma diminuição das receitas no sector dos dispositivos e equipamentos médicos e um fraco desempenho dos EUA e da Europa. Os anos de 2010 e 2011 revelaram uma melhoria do desempenho de vários países, com exceção da Europa. O mercado mundial registou um CAGR de 7,9% durante o período 2007-2009. O sector do equipamento médico é altamente regulamentado, fragmentado e não estruturado. O sector tem vindo a ser objeto de aquisições devido ao aumento dos custos, à concorrência crescente e à regulamentação governamental.

Os mercados emergentes Brasil, Rússia, Índia, China e África do Sul (BRICS) deverão registar um bom desempenho em comparação com as outras regiões. Os EUA, Singapura, Taiwan, Hong Kong, Coreia do Sul, Alemanha e Canadá são os mercados mais importantes. Os EUA continuam a deter cerca de 40% da indústria mundial de dispositivos, equipamentos e materiais médicos (Industry Review 2012). Os Estados Unidos são o maior produtor e consumidor mundial de dispositivos médicos. A indústria de dispositivos médicos dos EUA é orientada para a investigação, com processos inovadores e produtos de alta tecnologia que utilizam tecnologias avançadas, como os sistemas micro-electro-mecânicos (MEMS) e a nanotecnologia.

2. 9Previsão do sector para 2030:

Até 2030, prevê-se que o sector dos dispositivos médicos atinja receitas de aproximadamente 800 mil milhões de dólares, crescendo a uma taxa estimada de 5% ao ano (KPMG International 2018). A procura de novos dispositivos inovadores, como os dispositivos portáteis, os serviços de dados de saúde e as doenças relacionadas com o estilo de vida, contribuirá para esta projeção (KPMG International 2018).

Prevê-se que a indústria MedTech mude o seu enfoque, passando da criação de valor através da ligação de várias partes interessadas - médicos, doentes e utilizadores finais - para a prestação de serviços e soluções inteligentes, melhorando os resultados dos cuidados de saúde a um custo reduzido e centrando-se na prevenção de doenças. A tecnologia terá um impacto significativo, conduzindo a procedimentos de tratamento eficientes e minimamente invasivos, diminuindo o tempo passado no hospital (KPMG International 2018).

Até 2030, os EUA continuam a deter a posição de liderança do mercado, esperando atingir receitas de 300 mil milhões de dólares (Emergo, 2017), seguidos pela China, com mais de 25% de quota de mercado, esperando receitas de 200 mil milhões de dólares (US Exports.Gov, 2017). A terceira e a quarta posições foram ocupadas pela França e pela Alemanha, respetivamente. Prevê-se que a Índia obtenha receitas superiores a 40 mil milhões de dólares (Business Standards, 2017).

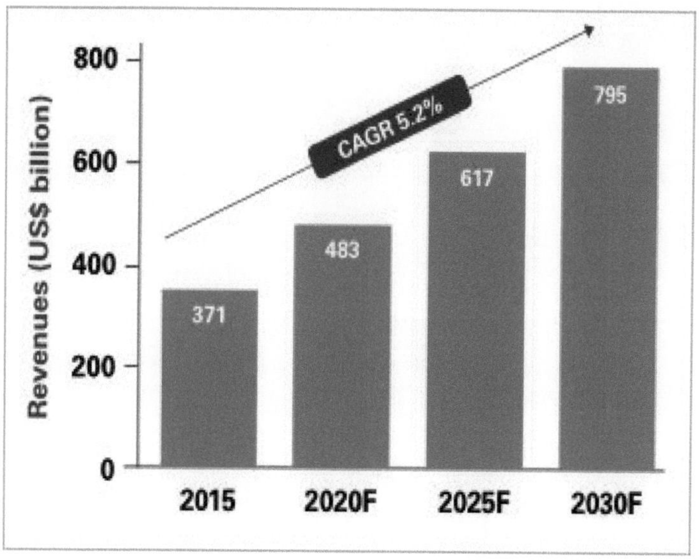

Figura 11: Previsão do sector MedTech mundial para 2030 (Fonte: KPMG International 2018)

Impulsionados pelo aumento da procura, pelas reformas no sector da saúde e pelas iniciativas governamentais, tanto a China como a Índia estão a crescer a um ritmo duas vezes superior ao do mercado. A Índia já é conhecida mundialmente pela sua engenharia frugal e dispositivos de baixo custo (KPMG International 2018).

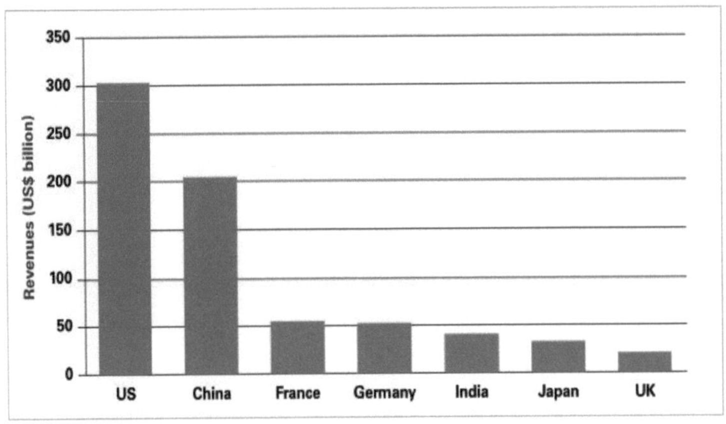


Figura 12: Previsão para 2030 dos sete principais mercados MedTech por receitas (Fonte: KPMG 2018

Tecnologia em destaque:

Os fabricantes de tecnologia médica centrar-se-ão na tecnologia, utilizando dispositivos inteligentes com informações em tempo real e informações sobre os doentes (KPMG International 2018). É provável que os fabricantes de dispositivos MedTech integrem o fabrico e a prestação de serviços, integrando o sistema da cadeia de abastecimento. Isto poderá oferecer aos fabricantes uma ligação estreita com os utilizadores finais e as principais partes interessadas do segmento dos serviços. Por exemplo: De acordo com a KPMG International (2018), "a Fresenius Medical opera uma cadeia de 3 690 centros de diálise, o que a torna líder tanto no fabrico (50% de todas as máquinas de diálise hospitalar em todo o mundo) como nas operações clínicas. Em junho de 2017, a empresa tinha tratado mais de 315 000 doentes (Fresenius, 2017). "A Fresenius está a adquirir o fabricante americano de equipamento de diálise domiciliária NxStage Medical Inc., a fim de se concentrar no crescente mercado de tratamento domiciliário" (Reuters, 2017).

Outro exemplo, tal como referido pela KPMG International (2018), é "a Zimmer Biomet em parceria com a Healthloop, o fornecedor de plataformas tecnológicas, para apoiar os doentes que aguardam uma substituição da articulação" (MedCity News, 2017). Utilizando a aplicação de envolvimento do doente da Healthloop, a Zimmer Bionet consegue realizar a educação do doente, empregar protocolos para procedimentos ortopédicos pré e pós-operatórios e estimar o custo do tratamento e o custo do reembolso utilizando os registos de informação do doente (KPMG International 2018).

Do mesmo modo, "a Philips, através da sua plataforma digital de cuidados de saúde, PhilipsHealthSuite, uma plataforma baseada na nuvem que utiliza a Internet das Coisas para recolher informações e analisar dados de vários dispositivos e sensores para apoiar milhões de pacientes. Esta plataforma ajuda a Philips a chegar ao utilizador final e a fornecer-lhe prevenção, diagnóstico, tratamento, recuperação e cuidados domiciliários" (KPMG International 2018).

A aplicação da inteligência artificial, do fabrico de aditivos, da robótica, da nanotecnologia, das inovações e das estratégias orientadas para o cliente ao longo da cadeia de abastecimento estruturará a indústria no sentido de fornecer soluções completas centradas nas principais partes interessadas.

## 2.10 Inovação no sector dos dispositivos médicos

A inovação de produtos e processos é o principal motor de crescimento do sector dos dispositivos médicos. Os novos produtos demoram mais tempo a chegar ao mercado devido à regulamentação imposta ao sector. Qualquer novo produto ou produto de extensão de linha é objeto de aprovação pela FDA em termos de eficácia, segurança e tolerância. De acordo com a FDA, os dispositivos médicos são classificados como

Classe 1: Dispositivos médicos isentos de notificação prévia à colocação no mercado

Classe 2: Dispositivos médicos aprovados através do processo 510(K) ou do processo de vigilância pós-comercialização; são submetidos a normas, controlos e requisitos

Classe 3: Dispositivos médicos que requerem aprovação da FDA e são submetidos a um processo de aprovação antes da comercialização

As inovações na tecnologia médica transformam o sistema de prestação de cuidados de saúde. A inovação de baixo custo na tecnologia médica salva várias vidas e cria valor para as partes interessadas.

Quadro 6: Dispositivos médicos inovadores

| Produto | Descrição | Empresa |
|---|---|---|
| ViKY | Sistema de assistência ativa para cirurgia laparoscópica | Tecnologia médica TRUMPF<br>www.trumpf-med.com |
| i-limb digits, i-limb ultra biosim-pro, biosim-I, virtu-limb | Prótese ativa | Biónica de toque<br>www.touchbionics.com |
| Sondas | Instrumento para localizar tumores cancerígenos no corpo | FORIMTECH S.A<br>Suíça |
| Dispositivo FEMTOLDV<br>Dispositivo de imagiologia GALILEI | Dispositivo de diagnóstico e cirurgia oftálmica de alta precisão | Grupo ZIEMER<br>Bienne, Suíça |

Quadro 7: Aplicação das futuras tecnologias na medicina

| | | Prevenção | Diagnóstico | Tratamento | Cuidados |
|---|---|---|---|---|---|
| Intervenção cirúrgica inovadora | Robôs cirúrgicos autónomos | | | Orto, oph | |
| | Modelos e instrumentos de planeamento cirúrgico impressos em 3D | | | Vascularização, neurocirurgia, ortopedia | |
| | Cirurgias assistidas por realidade aumentada | | | Neurologia, ortopedia | |
| | Cateteres balão inteligentes | | | Carv | |
| | Reticulação intrastromal fotorrefractiva | | | Oph | |
| Diagnóstico e intervenção engenhosos | Inteligência artificial | Oph | Carv, neuro, oftalmologia | | |
| | Serviços de diagnóstico com base em fios | | Cardio, diab | | Onco, diab |
| | Nanobots de ADN | | Onco | Onco | |
| | Sistemas visuais de imagiologia ocular | | Oph | Oph | |
| | Scanners de retina em miniatura | | Oph | | |

| | | | | | |
|---|---|---|---|---|---|
| Administração de medicamentos e | Biostamps | Neuro | | | Carv, neuro |
| | Inaladores inteligentes | | | Resp | |
| | Sistemas de administração de medicamentos à base de nanodiamantes | | | Oph | |
| | Combinação de lente de contacto e vidro ocular | | | Diab | Diab |
| Cuidados de assistência e terapia e dispositivos | Pacemakers sem fios | | | Carv | |
| | Neuro-próteses | | | Neuro | |
| | Rins bio-híbridos | | | Néfi | |
| | Estimulação cerebral profunda | Neuro | | Neuro | |
| | Terapia por ultra-sons | | | Neuro | |
| | Lentes biónicas implantáveis/olhos biónicos | Oph | | Oph | |
| | Lentes de contacto inteligentes | Oph | | Oph | |
| | Dispositivos de realidade virtual | | | Oph | Oph |
| Abreviaturas: Carv: Cardiovascular, Neuro: Neurologia, Diab: Diabetes, Ortho: Ortopedia, Oph: Oftalmologia, Neph: Nefrologia, Resp: Respiratório, Onco: Oncologia | | | | | |

(Fonte: KPMG, 2018)

## 3. 0GESTÃO MÉDICA DA DOENÇA RENAL

### 3.1 Introdução à diálise:

A diálise é o processo de eliminação de produtos residuais do sangue. A diálise permite que os doentes com insuficiência renal tenham uma vida útil e produtiva. A diálise apoia o corpo ao desempenhar as funções de um par de rins (Levy, Morgan & Brown 2001). Uma função essencial de um par de rins é o controlo do equilíbrio de fluidos do corpo através da autorregulação (Menon, Gul & Sarnak, 2005). Um rim saudável filtra aproximadamente 200 litros de sangue por dia. Por outro lado, Foley, Parfrey & Sarnak (1998) descreveram que os rins filtram o sangue todos os dias, eliminando produtos residuais, como parte da sua função normal. Se os rins falharem, pode formar-se um excesso de produtos residuais no sangue. Isto leva a um aumento dos níveis de produtos residuais medidos no sangue, conhecido como azotemia. Isto resulta em uremia e, por fim, em coma e morte. A diálise é também utilizada para eliminar medicamentos ou toxinas do sangue (Karnik et al., 2001).

### 3.2Realização de diálise:

A hemodiálise permite a saída de sangue do corpo e a sua passagem através de um filtro especial chamado dialisador, que contém soluções. O filtro ajuda a eliminar as substâncias nocivas e devolve o sangue ao organismo. A hemodiálise é efectuada em hospitais/centros de diálise com uma frequência de três tratamentos por semana e uma duração de três a quatro horas por diálise. Os doentes sentem-se cansados durante várias horas após a diálise (Ahmad, Robertson, Golper et al., 1990).

O primeiro passo para a hemodiálise é a criação de um acesso. O acesso temporário consiste na introdução de um cateter numa veia, geralmente no peito, na perna ou no pescoço do doente, perto da virilha. Este acesso também é efectuado em situações de emergência. No entanto, alguns cateteres podem ser utilizados durante mais tempo (Bregman et al., 2001). O acesso permanente é criado ligando cirurgicamente uma artéria a uma veia no braço para formar uma ligação conhecida como fístula. A fístula tem um risco menor de infecções e dura mais tempo.

De acordo com Khawar et al. (2007), a diálise peritoneal é um processo amplamente aceite de tratamento da doença renal em fase terminal e é o processo mais popular de diálise domiciliária. A diálise peritoneal é de dois tipos (Rubin et al., 2004). São elas a Diálise Peritoneal Cíclica Contínua e a Diálise Peritoneal Ambulatória Contínua (CAPD). Jaar et al. (2009) descreveram que ambas as diálises podem ser efectuadas em casa. Na diálise peritoneal, é utilizada uma membrana no interior do corpo do doente como filtro para eliminar fluidos e resíduos e para repor os níveis normais de electrólitos. A diálise peritoneal proporciona muita flexibilidade ao permitir que os doentes façam a diálise onde quer que se encontrem. Do mesmo modo, Teitelbaum e Burkart (2003) descreveram que a diálise peritoneal utiliza a membrana peritoneal no abdómen para executar os tratamentos de diálise. Um líquido de limpeza conhecido como dialisante é introduzido no abdómen do doente através de um pequeno tubo flexível conhecido como cateter de diálise peritoneal. No abdómen, o dialisado permanece durante um determinado período de tempo antes de ser substituído e drenado por dialisado fresco. O tempo durante o qual o dialisante permanece no abdómen do doente é designado por "tempo de permanência". O excesso de fluido e os resíduos são drenados e o dialisado fresco entra no sangue. Este procedimento de drenagem e enchimento é conhecido como "troca" porque o dialisado que esteve no abdómen é substituído por dialisado novo e fresco. As substituições podem ser efectuadas utilizando uma máquina conhecida como ciclador.

Existem três necessidades básicas que os doentes têm de satisfazer para poderem fazer diálise peritoneal. Os doentes têm de ter vontade de participar no plano de tratamento, uma membrana peritoneal funcional e a destreza manual básica. Algumas das vantagens da diálise peritoneal são o transporte direto dos materiais de diálise peritoneal para o destino de viagem ou para o domicílio, menos proibições dietéticas do que a hemodiálise no centro, tratamentos sem agulhas e liberdade e flexibilidade no horário de tratamento da diálise peritoneal (Aslam et al., 2006).

O enfermeiro e o médico do doente têm de supervisionar regularmente a dieta, a medicação e as condições físicas. O controlo da temperatura do sangue e do dialisante é fundamental para o doente. Se necessário, são preparadas alterações no programa de tratamento, como a duração, o número de substituições e a quantidade de solução. Normalmente, os doentes em diálise peritoneal visitam a clínica de diálise uma ou duas vezes por mês. A diálise peritoneal é uma melhor opção de tratamento para as pessoas que sofrem de insuficiência renal e oferece uma terapia económica em comparação com a hemodiálise.

Na hemodiálise, o sangue de uma pessoa pode passar por um filtro especial que elimina fluidos e resíduos. O sangue limpo é devolvido ao corpo (Avram, Sreedhara, Fein et al., 2001). O aumento da pressão hidrostática através da membrana do dialisador resulta numa ultra-filtração. O gradiente de pressão permite que os solutos dissolvidos e a água passem do sangue para o dialisado e a eliminação de fluidos. A remoção dos sais, fluidos e resíduos infecciosos extra ajuda a gerir a pressão arterial e a manter um equilíbrio adequado dos químicos sódio e potássio no organismo. Um dos ajustamentos que uma pessoa efectua quando inicia a hemodiálise é o cumprimento de um horário rigoroso (Korevaar, Feith, Dekker et al., 2003). De acordo com Snyder et al. (2002), na diálise peritoneal, a cavidade abdominal é preenchida com solução de dialisado. O peritoneu é rico em pequenos vasos sanguíneos e oferece continuamente o fornecimento de sangue para ser filtrado por difusão e osmose. As toxinas e os fluidos em excesso no sangue passam para o dialisado, que é substituído e drenado periodicamente. A substituição é o método de drenagem do dialisato do abdómen e a aplicação de dialisato fresco no abdómen.

### 3. 3Terapia de substituição renal (TRR):

A terapia de substituição renal é um termo abrangente que engloba os vários sistemas de suporte de vida para o tratamento da insuficiência renal. De acordo com Caskey, Schober-Halstenberg, Roderick et al. (2006), as três principais opções de tratamento para os doentes com doença renal em fase terminal (ESRD) são a diálise peritoneal (DP), a hemodiálise (HD) e o transplante renal.

#### 3.3.1 Hemodiálise:

A hemodiálise é o processo de remoção dos produtos residuais ureia e creatinina, juntamente com a extração de água livre do sangue em caso de insuficiência renal. Para o efeito, podem ser utilizados meios extracorporais (Abel, Rountree & Turner,

1913). Existem três tipos de métodos de HD, como se indica a seguir (Daugirdas & Black, 2007).

Hemodiálise convencional:

A hemodiálise convencional significa a instalação e os procedimentos de diálise efectuados num hospital, 3 vezes por semana com a duração de 3-4 horas por sessão. O sangue circula através da máquina de 15 em 15 minutos, exposto a água purificada, com a duração de uma semana.

Hemodiálise diária:

A preparação diária da hemodiálise permite que o doente efectue o procedimento sozinho, mas requer uma capacidade dominada para manusear as casas de botão para avaliar a fístula frequentemente. Este processo pode ser efectuado durante 2 horas, até 6 dias por semana.

Hemodiálise nocturna: A hemodiálise nocturna refere-se à hemodiálise durante a noite, quando o doente dorme. Esta é repetida 3-4 vezes por semana com 8-10 horas por sessão.

### 3.3.2 Diálise peritoneal :

A diálise peritoneal é um método de diálise que utiliza o peritoneu do abdómen como membrana para filtrar impurezas como a glucose, pequenas moléculas, ureia, creatinina e electrólitos. Existem dois tipos de métodos de diálise peritoneal, conforme indicado abaixo (Rabindranath et al. 2007).

Diálise peritoneal ambulatória contínua (CAPD):

O processo de diálise é contínuo e envolve a drenagem de fluido da cavidade ou a colocação de fluido no interior da cavidade. Uma vez que a tubagem fica sempre escondida debaixo da roupa do doente, este pode deslocar-se de forma independente e até viajar durante a diálise.

Diálise peritoneal de ciclo contínuo (CCPD):

Um pequeno dispositivo chamado "ciclador" efectua várias drenagens e instilações de líquido de diálise enquanto o doente está a dormir. Também designada por "diálise peritoneal automatizada", permite ao doente libertar-se do aparelho de diálise durante o dia.

## 3.4Indicações e contra-indicações da diálise:

As indicações da hemodiálise (HD) são resumidas como "AEIOU" na ciência médica. As condições médicas como acidose grave, anomalias electrolíticas (especialmente hipercalemia grave em que K>6,5), ingestão de substâncias nocivas, sobrecarga de fluidos e sintomas urinários como insuficiência renal, pericardite e encefalopatia requerem diálise. A diálise peritoneal (DP) é indicada principalmente como tratamento da insuficiência renal. No entanto, a DP só é indicada se o doente não puder tolerar a HD devido à presença concomitante de doença cardíaca congestiva, condições cardíacas isquémicas e doença vascular. A DP também está indicada em vez da HD em doentes pediátricos com acesso vascular problemático.

A HD está contra-indicada em doentes com tumores malignos, doença cardíaca congestiva, hemofilia, doença vascular, hemiplegia, coração isquémico e hemorragia interna prolongada. A DP está contra-indicada em caso de perda documentada da função peritoneal, aderências abdominais extensas, fugas peritoneais, desnutrição excessiva, riscos de infeção e condições especiais como extrofia da bexiga, gastrosquise, onfalocele, hérnia diafragmática e cirurgicamente irreparável, obesidade mórbida, doença inflamatória intestinal e diverticulose. A DP domiciliária está contra-indicada em doentes com deficiência mental ou física e que não disponham de um assistente.

## 3. 5Sistema de hemodiálise :

O dialisador é o principal subsistema do sistema de diálise e contém uma membrana semipermeável e as fibras dispostas num feixe cilíndrico. Nas extremidades do feixe cilíndrico, é ligado um composto de envasamento. Todo o conjunto é colocado num recipiente cilíndrico de plástico transparente com quatro aberturas. As duas aberturas horizontais, também designadas por orifícios sanguíneos, comunicam com as duas extremidades do feixe cilíndrico de fibras. Este conjunto constitui o "compartimento do sangue". As duas aberturas verticais, situadas na parte inferior e superior do cilindro, interagem com o espaço à volta do cilindro de fibras. Este conjunto actua como o "compartimento do dialisado".

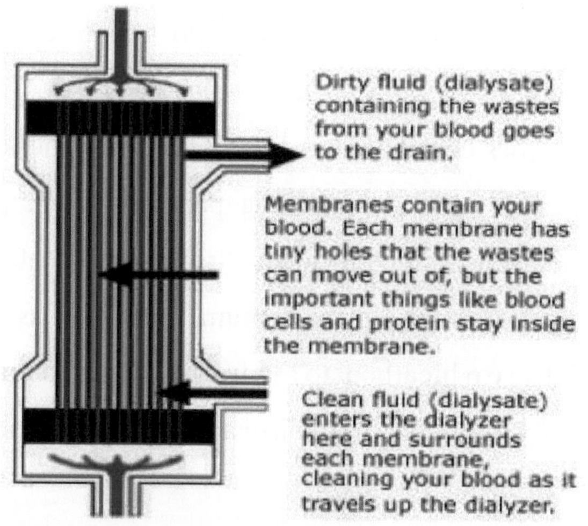


Figura 13: Hemodialisador (Fonte: ICD 2014)

O fluido de hemodiálise ou o dialisado é um subsistema importante do sistema de HD. A preparação de um líquido de HD isento de pirogénios é um requisito importante. Para o efeito, foi desenvolvido um subsistema de purificação da água. Uma concentração mais elevada de sódio (>140 mEq/L) no líquido evita a perda osmótica de líquido das células do corpo e impede a osmolalidade do plasma durante a diálise. O teor de cálcio e potássio do fluido é adaptado de acordo com as necessidades dos doentes. As baixas concentrações de potássio no fluido ajudam a remover o excesso de potássio do corpo e a prevenir a hipercalemia. Embora a utilização de fluidos com baixas concentrações de cálcio de 1,5 mmol/L possa causar hipotensão nos doentes, pode ser utilizada para evitar complicações de instabilidade hemodinâmica devido a uma concentração elevada de cálcio. O tampão mais comum utilizado nas unidades de hemodiálise é o bicarbonato (35 mmol/Lt), que permite manter a concentração de CO2 pré-diálise acima de 23 mmol/L.

### 3.5.1 Processo de hemodiálise:

Antes da primeira hemodiálise, é efectuado um processo cirúrgico para ligar uma artéria a uma veia, formando uma fístula arterio-venosa ou um shunt externo. Da mesma forma, Schulman (2002) descreveu que a fístula ou shunt oferece um local disponível através do qual o sangue de um indivíduo pode ser aspirado para uma máquina de diálise e depois filtrado. A fístula ou shunt é deixada no local durante todo o processo de diálise subsequente. Uma pequena dose de anticoagulante (heparina) pode ser introduzida no shunt, entre os processos de diálise, para evitar que os coágulos de sangue obstruam e constituam o shunt. A Figura 14 mostra o procedimento de hemodiálise:

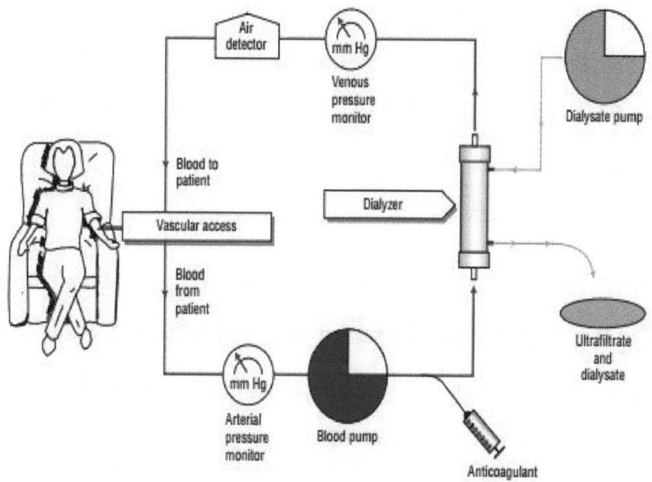


Figura 14: Procedimento de hemodiálise (Fonte: Daugirdas et al., 2001)

Pohl, Blumenthal, Cordonnier et al. (2005) descreveram que não é necessária anestesia para o processo. Uma agulha ligada à derivação passa o sangue dos doentes para a máquina através de tubos de plástico. A máquina inclui várias camadas de membranas especiais. Esta membrana faz a ponte entre o sangue e uma solução de diálise conhecida como dialisado. A creatinina e a ureia, os produtos finais do metabolismo do azoto das proteínas (metabolismo dos aminoácidos), juntamente com o fluido do sangue que passa através da membrana para o dialisado, são drenados. Corea et al. (1999) explicaram que o sangue purificado é devolvido ao doente. Cada sessão de diálise dura entre duas a seis horas.

3. 6Sistema de diálise peritoneal :

O sistema de diálise peritoneal inclui o cateter de DP, o líquido de DP e a compreensão da membrana peritoneal. São utilizados dois tipos de cateteres. Os cateteres para uso agudo destinam-se a diálise de curta duração (2-3 dias) ou em situações de emergência. Os cateteres para uso agudo são rígidos, rectos, com 25-30 mm de comprimento e 3 mm de diâmetro. Os cateteres para uso crónico são feitos de materiais macios, como borracha de silicone ou poliuretano. O cateter de poliuretano tem uma melhor resistência da parede, mas fissura facilmente com a aplicação tópica de álcool, mupirocina ou glicol. Os cateteres de silicone são relativamente biocompatíveis e inertes.

O dialisado de DP é um subsistema importante do sistema de DP. A maioria dos fluidos da DP contém uma concentração mais baixa de Na+ para remover água e sal do corpo, com o sódio a variar entre 98-120 mmol/Lt. O potássio não é geralmente adicionado ao dialisado da DP crónica para evitar a hipocaliemia. É preferível adicionar Mg2+ numa concentração de 0,5mEq/Lt. Para evitar o risco de calcificação metastática e hipercalcémia, é mantida uma concentração fisiológica de cálcio (2,5 mEq/L) no fluido. Uma mistura racémica de D e L-lactato actua como tampão na maioria dos fluidos de DP.

### 3.6.1 Processo de diálise peritoneal:

De acordo com Crawford-Bonadio e Az-Buxo (2004), um cateter sintético flexível é injetado através de uma pequena incisão na cavidade abdominal antes da primeira diálise ambulatória (injeção de cateter peritoneal). O cateter é mantido em posição indefinidamente. O peritoneu é uma peça de tecido mole que envolve o conteúdo do abdómen como um avental. No processo de diálise, o peritoneu funciona como um filtro. Contrariamente a isso, Quellhorst (2002) referiu que uma solução especial, conhecida como dialisado, passa através do cateter peritoneal para a cavidade abdominal. Na cavidade abdominal, o dialisado permanece durante um período de tempo preferencial (aproximadamente 30 a 60 minutos).

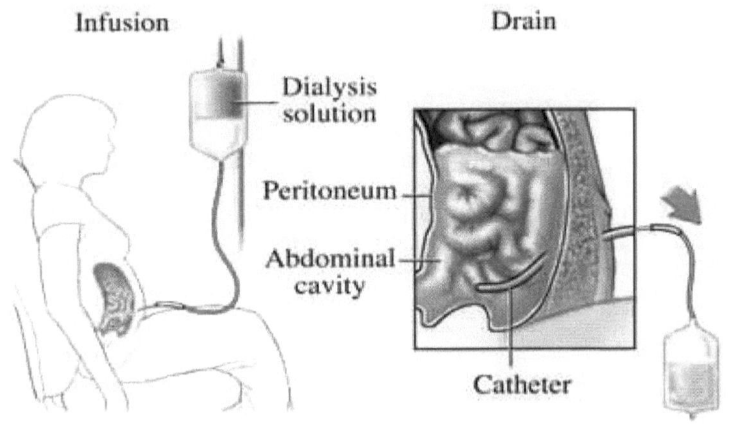


Figura 15: Procedimento de diálise peritoneal (Fonte: aura healthcare 2010)

O dialisado atrai toxinas, fluidos e electrólitos dos vasos sanguíneos do peritoneu (Figura 15). Grandes quantidades de fluido, dialisado, toxinas e electrólitos fluem do cateter peritoneal para um saco de recolha. É mantido um registo da entrada e saída de fluidos.

Piraino, Bailie & Bernardini (2005) referiram que a peritonite é um dos efeitos secundários mais comuns da diálise peritoneal. Se o doente acabar por sofrer de peritonite, podem surgir outras complicações associadas à situação, como a diminuição da urina, o aumento dos batimentos cardíacos, arrepios, febre e desidratação. Uma vez que a diálise peritoneal implica uma cirurgia abdominal, a fragilidade da parede abdominal pode provocar uma hérnia. Contrariamente a isso, Elwell, Volino & Frye (2004) referem que outra complicação que pode surgir devido a este tipo de diálise renal é a perda de apetite. Muitos doentes sentem-se mais cheios devido à solução de diálise no abdómen do doente e, por isso, prevêem que é fundamental comer alimentos adequados. Asci, Ozkahya, Duman et al. (2006) explicaram que o risco e as complicações podem variar de doente para doente, dependendo da idade, do estado de saúde e de outros factores que conduzem à insuficiência renal.

# 4. 0SISTEMA DE DIÁLISE E PARTES INTERESSADAS

## 4.1 Introdução:

"Um sistema é definido como uma unidade complexa formada por várias partes diversas sujeitas a um plano comum ou servindo um objetivo comum" (Merriam Webster, 1981). A engenharia de sistemas coloca a tónica no sistema como um todo, desde a fase de conceção até à eliminação do sistema. A engenharia de sistemas moderna coloca a tónica no avanço da tecnologia (capacidades), na concorrência (trade-offs) e na especialização (particionamento) (Kossiakoff & Sweet, 2003).

Quadro 8: Sistema de diálise

| Sistema | Entrada | Processo | Saída |
|---|---|---|---|
| Diálise Sistema | Sangue impuro de um doente com doença renal em fase | Hemodiálise | Sangue filtrado e purificado que circula pelo corpo do doente |

|  | terminal num local |  |  |
|---|---|---|---|

A engenharia de sistemas é uma "abordagem colaborativa interdisciplinar para derivar, desenvolver e verificar soluções equilibradas ao longo do ciclo de vida que satisfaçam as expectativas dos clientes e sejam aceites pelo público" (IEEE 1994).

A engenharia de sistemas "engloba todo o esforço técnico para desenvolver e verificar um conjunto integrado e equilibrado de soluções de sistemas, pessoas, produtos e processos que satisfaçam as necessidades dos clientes" (EIA/IS-632. 2003).
O ponto de vista da engenharia de sistemas consiste em construir um novo sistema de diálise que forneça o serviço de diálise à porta do doente de forma eficiente e a um preço acessível, oferecendo um serviço de valor acrescentado aos doentes com DRT.

## 4.2Sistema de interesse:

O sistema de interesse discutido no estudo será um sistema de diálise móvel que consiste num veículo - carrinha ou camião de base baixa - remodelado para incluir dialisador(es), sistema de tratamento de água, energia, iluminação, equipamento de segurança, sistema de regulação da temperatura, laboratório de investigação patológica, sistema de comunicação, sistema de eliminação de resíduos, registos médicos e sistema de gestão da informação.

O novo sistema de diálise será também um subsistema de um sistema mais vasto - o sistema de terapia renal. O sistema de terapia renal inclui segmentos relacionados com o tratamento de doenças renais e os seus operadores, hospitais especializados em nefrologia, clínicas de diálise, laboratórios de investigação de doenças renais e infra-estruturas em que o sistema funciona. Assim, cada sistema é um subsistema de um sistema de alto nível; e cada subsistema pode ser considerado como um sistema (Kossiakoff & Sweet, 2003). Quando vários sistemas de diálise são implantados numa localização geográfica com operadores e outras partes interessadas, formam um sistema complexo. Um sistema complexo deste tipo tem a capacidade de afetar recursos e pessoal utilizando a tecnologia para fornecer valor à sociedade, o que resulta numa propriedade emergente do sistema.

## 4.3 Sistema de diálise e partes interessadas:

Uma parte interessada é um indivíduo, uma organização ou pessoas que têm um interesse garantido no sistema da empresa. As partes interessadas e o ambiente de um sistema de diálise no local estão representados no diagrama de cebola da Figura 18 e no Quadro 9:

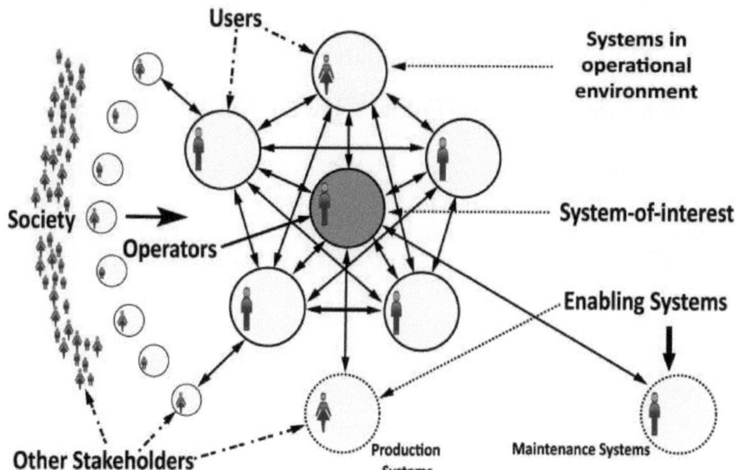


Figura 16: Gama de potenciais partes interessadas (Fonte: UCL Centre for Systems Engineering 2011b)

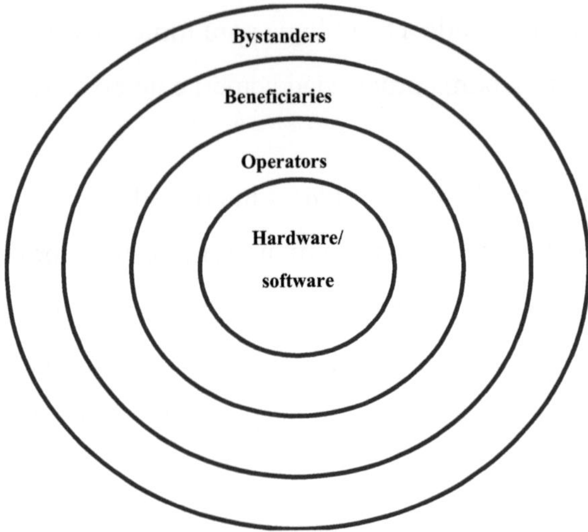


Figura 17: Identificação das partes interessadas utilizando o diagrama de cebola (Fonte: UCL Centre for Systems Engineering 2011b)

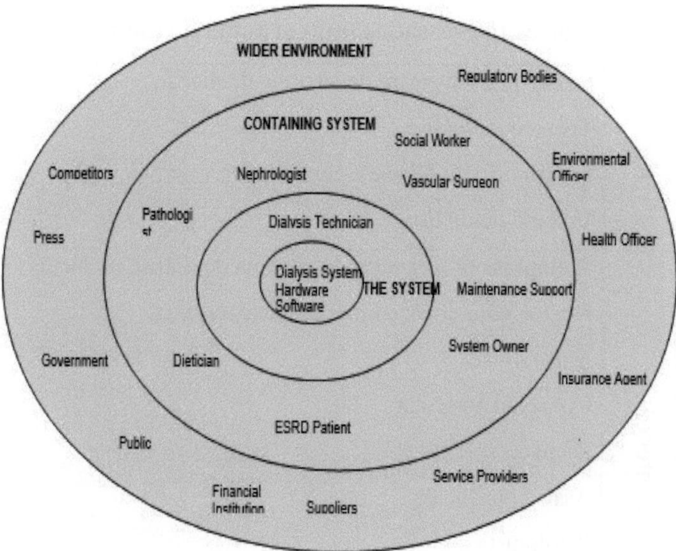


Figura 18: Diagrama de cebola das partes interessadas num sistema de diálise em linha (Fonte: Adaptado de Alexander & Ian, 2005)

Quadro 9: Partes interessadas num sistema de diálise

| | |
|---|---|
| Sistema | Software e hardware do sistema de diálise<br>Técnico de diálise<br>Enfermeiro de diálise e condutor de veículos<br>Veículo de diálise |
| Sistema de contenção | A empresa proprietária do sistema de diálise no local<br>Doente com doença renal em fase terminal<br>Nefrologista<br>Cirurgião Vascular<br>Dietista<br>Assistente social<br>Patologista<br>Apoio operacional<br>Apoio à manutenção |

| | |
|---|---|
| Ambiente mais alargado | Autoridades de saúde<br>Prestadores de serviços de saúde<br>Reguladores do sector da saúde<br>Concorrentes (Hospitais que prestam serviços de diálise, centros de diálise)<br>Instituições financeiras que financiam o sistema de diálise<br>Companhias de seguros<br>Corporação municipal / Conselho (para eliminação de resíduos)<br>Fornecedores de equipamentos, descartáveis, energia, serviços públicos<br>Outros prestadores de serviços<br>Público |

## 4.4 Novos sistemas de diálise:

Os diferentes tipos de novos sistemas de diálise podem ser classificados de acordo com o quadro 10:

Quadro 10: Tipos de sistemas de diálise no local/modulares

| Sistema de diálise | Sistema de diálise no local 1 | Sistema de diálise no local 6 | Sistema de diálise no local 10 | (Sistema de diálise modular ou unidade de nefrologia de campo) |
|---|---|---|---|---|
| Tipo de sistema | Unidade única com estação de | Unidade única com várias estações de diálise | Unidade única com várias estações de diálise | Várias estações sob um hospital de campanha |

|  |  |  |  |  |
|---|---|---|---|---|
|  | diálise única |  |  |  |
| Tipo de estrutura e capacidade | Carrinha de ambulância pequena com 1 posto | Tipo de autocarro com 6 estações de diálise | Camião grande com 10 estações | Sistema hospitalar de nefrologia modular, expansível e transportável com cirurgia vascular, diálise, transplante, UCI, salas de esterilização, etc. |
| Máquinas de diálise | 1 máquina de diálise | 6 máquinas de diálise | 10 máquinas de diálise | Mais de 10 estações de diálise |

| | | | | |
|---|---|---|---|---|
| Cadeiras de diálise dobráveis | 1 cadeira de diálise | 6 cadeiras de diálise | 10 cadeiras de diálise | Cadeiras de diálise proporcionais ao número de máquinas |
| Cama lateral rebatível | 1 cama lateral rebatível | 1 cama lateral rebatível | 1 cama lateral rebatível | Com base nos requisitos |
| Água de osmose inversa com um instrumento de controlo da | Tanque suspenso para armazenar e fornecer | Tanque suspenso com capacidade de armazenamento adicional para | Micro instalação de água RO para converter água potável em água RO para 10 diálises / turno de 6 horas de | Mini fábrica de água RO com disponibilidade de muita água potável para purificação em água RO. Alternativamente, organizar |

| | | | | |
|---|---|---|---|---|
| qualidade da água. (120 litros de água RO/paciente para uma diálise de 4 horas e 50 litros de água RO para limpeza e enxaguamento da máquina) | água RO. Água RO adicional a ser armazenada em ambiente estéril com base no plano de diálise | armazenar e fornecer água RO. Necessidade de água RO com base no plano de diálise | duração e para limpeza de máquinas. Em alternativa, armazenar e fornecer água RO de acordo com as necessidades num tanque especialmente construído para o efeito | o armazenamento e o fornecimento de água RO de acordo com as necessidades num tanque especialmente construído |

| | | | | |
|---|---|---|---|---|
| Necessidades de mão de obra no local | 1 técnico de diálise qualificado e motorista | 1 técnico de diálise qualificado, 1 enfermeiro de diálise com motorista | 1 técnico de diálise qualificado, 1 enfermeiro de diálise qualificado, 1 motorista de camião qualificado | 1 técnico especializado e 1 enfermeiro especializado por cada 10 postos. Nefrologista no local, cirurgião de fístula, dietista, técnico de laboratório |
| Tubagem de diálise e sistema de canalização | Circulação de água RO<br>Sistema de recolha e eliminação | Circulação do tanque de água RO que liga 6 estações de diálise. | Abastecimento de água potável e ligação de água RO a 10 estações.<br>Sistema de segregação, desinfeção, | Requisitos do sistema de tubagem e canalização com base no número de estações.<br>Sistema para separar, desinfetar, armazenar e |

| | | | | |
|---|---|---|---|---|
| | segura de resíduos | Sistema de recolha, desinfeção, armazenamento e eliminação segura de resíduos | armazenamento e eliminação segura de resíduos | eliminar os resíduos de diálise, cateteres usados, agulhas e seringas e outros |

## 4.5 Subsistemas de um sistema de diálise:

O subsistema de diálise desempenha a função de monitorizar o progresso e assegura o funcionamento eficiente dos componentes à medida que o sangue de um doente é filtrado e devolvido ao corpo. Os principais subsistemas e componentes de um sistema de diálise estão representados no quadro 11:

Quadro 11: Subsistemas de um sistema de diálise

| Subsistemas | Função |
|---|---|
| Bomba de sangue | Bombeia sangue do corpo para a máquina |
| Tubagem da máquina de diálise | Tubos especialmente concebidos com 2 sensores de ar e armadilhas de ar para bloquear a entrada de ar na corrente sanguínea. |
| Dializador | Um cilindro de plástico, através do qual o sangue flui a partir do cabeçalho vermelho superior, entra através de milhares de fibras ocas estreitas e regressa a partir do fundo do dialisador. Os electrólitos e os resíduos passam do |

| | |
|---|---|
| | sangue para o dialisado por difusão. O fluxo de dialisante assegura a disponibilidade de dialisante fresco durante todo o processo, para que o dialisante não se esgote. O fluido é retirado do sangue de forma semelhante à dos rins. Este procedimento é conhecido como UF (Ultrafiltração) e é comum à RO (Osmose inversa). O tamanho dos poros da membrana é mais pequeno e permite que a água atravesse as membranas na osmose inversa. O tamanho dos poros da membrana é maior na ultrafiltração; permite que algumas moléculas maiores atravessem os poros juntamente com a água. A pressão no dialisado é mais baixa em comparação com a pressão no sangue que entra no dialisador. Esta variação de pressão é conhecida como pressão transmembranar (TMP). Quanto maior |

| | |
|---|---|
| | for a pressão transmembranar, maior será a taxa de ultrafiltração. |
| Seringa de heparina | Uma seringa é uma junção à tubagem do equipamento de diálise. Esta seringa é constituída por um anticoagulante Heparina, que é introduzido no sangue durante a diálise para evitar a coagulação. |
| Diálise membrana | Membrana de acetato de celulose com uma grande área de superfície suportada mecanicamente por uma estrutura de plástico. O sangue é bombeado através de um lado desta membrana e o fluido dialisante é passado pelo outro lado. |
| Dialisador e dialisato | A filtração do sangue tem lugar no dialisador. A membrana do dialisador filtra o excesso de resíduos utilizando a solução do dialisado por osmose. O dialisado é constituído por um banho de bicarbonato, água purificada e acidificada por uma solução de electrólitos e minerais. |

A figura 19 mostra a estrutura de decomposição de um sistema de diálise em três subsistemas, nomeadamente: Subsistema de pré-diálise, subsistema de diálise e subsistema de pós-diálise.

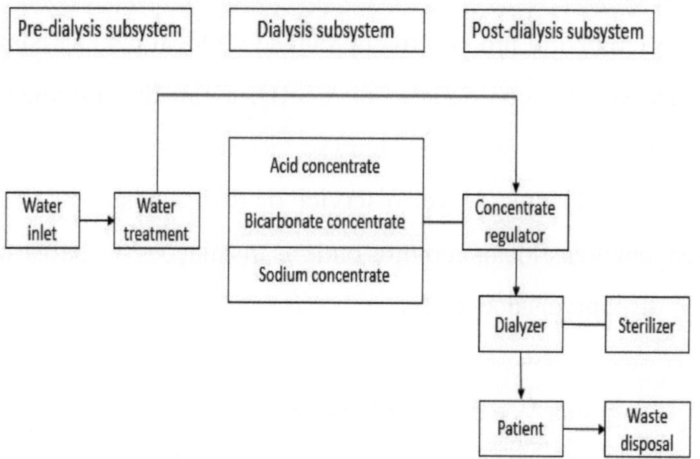


Figura 19: Sistema de diálise (Fonte: Adaptado de James, Curtis et al. 2011)

## 5. 0PROCESSO DE DESENVOLVIMENTO DO SISTEMA DE DIÁLISE NO LOCAL

5.1Introdução :

Foi desenvolvido um sistema de diálise no local para satisfazer as necessidades dos doentes de ESRD, a fim de minimizar o tempo de deslocação, oferecer um serviço de diálise de qualidade à porta dos doentes e levar o serviço de diálise aos doentes que vivem em áreas/locais remotos onde as instalações de diálise não estão disponíveis/acessíveis.

5.2 Diagrama Vee da engenharia de sistemas:

O modelo Vee de engenharia de sistemas desenvolvido pela EIA/IS-632 é interdisciplinar e representa a aplicação repetida da definição e da decomposição, resultando na síntese da conceção do sistema e na validação dos requisitos do sistema e na aceitação pelo cliente através da aplicação da integração e da verificação em relação a um conjunto de especificações do sistema (Forsberg & Mooz, 1991).

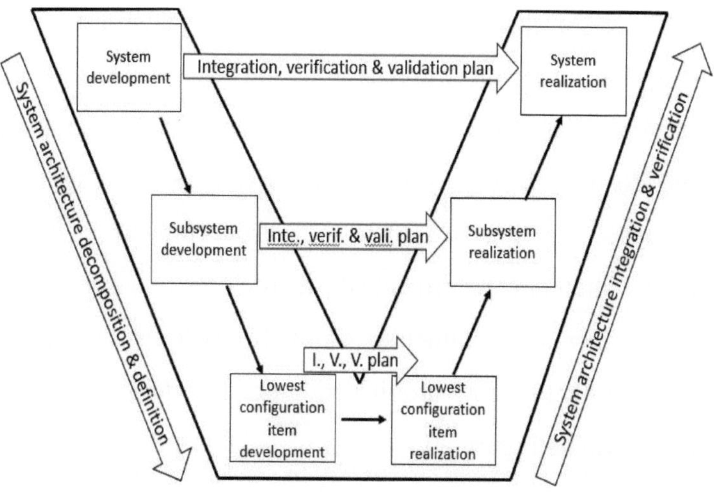


Figura 20: Desenvolvimento da arquitetura do sistema segundo o modelo Vee (Fonte: Forsberg & Mooz, 2006)

O lado esquerdo do diagrama de Vee apresenta especificações pormenorizadas que começam com a decomposição do conceito do sistema em requisitos do utilizador. Os requisitos do utilizador num sistema de hemodiálise móvel são declarações de necessidades e expectativas dos clientes que são traduzidas em requisitos do sistema através de um processo de engenharia, de modo a que haja um acordo comum entre o utilizador e o criador/fornecedor. O processo de análise divide o sistema em vários níveis e constrói especificações do sistema a partir dos itens de configuração. O processo é controlado e chega-se a um acordo em todas as fases do desenvolvimento do sistema. O lado direito do diagrama de Vee executa a função de integração e verificação, em que o sistema é inspeccionado e testado, montado, integrado e verificado de acordo com as especificações exigidas, sendo finalmente validado pelo utilizador. O desenvolvimento da arquitetura do modelo Vee está representado na Figura 20.

## 5.3 Ciclo de vida do sistema de diálise no local:

O ciclo de vida de um sistema de diálise no local é o desenvolvimento de todas as fases de um sistema de diálise no local, desde a conceção, o projeto, o desenvolvimento, a produção, a implantação, o funcionamento, a manutenção e o apoio, a retirada e a eliminação do sistema (Blanchard & Fabrycky, 2006).

Os três principais modelos de ciclo de vida do sistema são:

Modelo do Departamento de Defesa (DoD 5000)

Modelo internacional (ISO/IEC 15288)

Modelo da Sociedade Nacional de Engenheiros Profissionais (NSPE)

A comparação dos ciclos de vida dos sistemas acima referidos é apresentada na Figura 21.

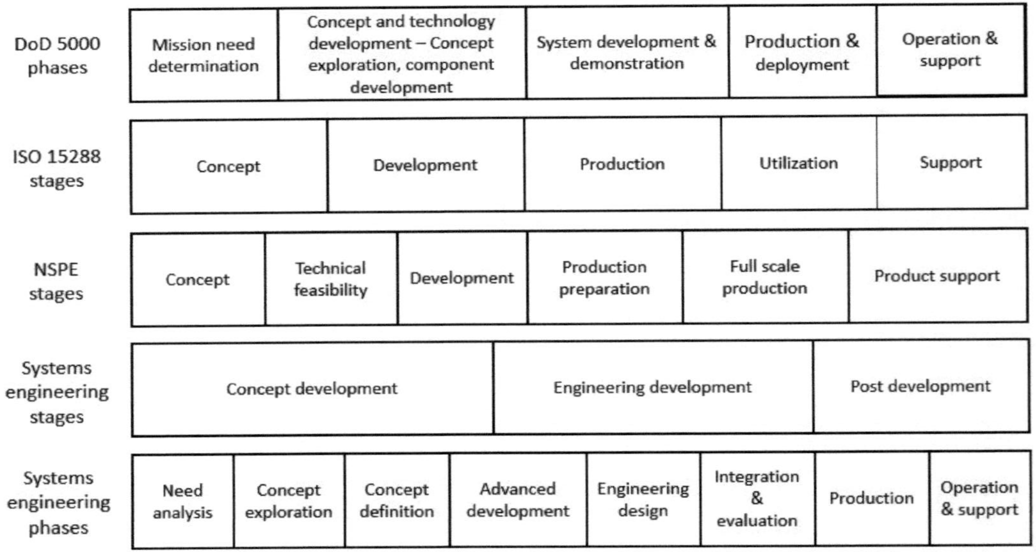

DoD 5000 phases: Mission need determination | Concept and technology development – Concept exploration, component development | System development & demonstration | Production & deployment | Operation & support

ISO 15288 stages: Concept | Development | Production | Utilization | Support

NSPE stages: Concept | Technical feasibility | Development | Production preparation | Full scale production | Product support

Systems engineering stages: Concept development | Engineering development | Post development

Systems engineering phases: Need analysis | Concept exploration | Concept definition | Advanced development | Engineering design | Integration & evaluation | Production | Operation & support

Figura. 21: Comparação dos modelos de ciclo de vida dos sistemas (Fonte: Kossiakoff & Sweet, 2003)

5.4 Engenharia de sistemas na fase de aquisição:

A engenharia de sistemas na fase de aquisição de um sistema de diálise no local lida com:

- Identificar as necessidades dos doentes de ESRD (conforto do doente, conveniência, eficácia, segurança e prestação de serviços).

- Obtenção de requisitos dos utilizadores (doentes com ESRD).

- Traduzindo-os para os requisitos do sistema de diálise no local.

- Integrar a conceção do sistema ao longo da diálise no local ciclo de vida do sistema.

- Conceber e definir o sistema de diálise no local, de modo a

O sistema de diálise no local reflecte assim todas as exigências

alcançar a capacidade, a interoperabilidade e a integridade entre

os seus elementos.

Estas características traduzem-se nos sistemas e serviços de diálise no local, que permitem ao doente com DRT efetuar a diálise no local e à hora que desejar.

5.5 Capacidade de base:

A principal capacidade de um sistema de diálise no local é efetuar a diálise em qualquer lugar e a qualquer momento desejado pelo doente com doença renal em fase terminal.

As fases do ciclo de vida da aquisição são:

- Conceito de sistema e desenvolvimento de tecnologia
- Desenvolvimento e demonstração de sistemas
- Produção e implantação do sistema
- Manutenção e eliminação do sistema

5.6 Conceito do sistema e desenvolvimento tecnológico:

O desenvolvimento do sistema de diálise no local começa com a fase de desenvolvimento do conceito, em que é efectuada uma pesquisa de mercado para identificar as necessidades dos doentes com ESRD, sendo a viabilidade destas necessidades avaliada. Se for viável, os processos e técnicas de engenharia de sistemas são incorporados para traduzir os conceitos em arquitetura de sistema, rastreável aos requisitos do utilizador. Procede-se à avaliação da tecnologia, do custo, do calendário, do local de implantação e do risco, e as decisões são revistas com base numa análise pormenorizada. Esta fase é de natureza analítica e é efectuada com recursos limitados. Quando as partes interessadas decidem desenvolver um sistema de diálise no local, o sistema entra na segunda fase: a fase de desenvolvimento dos componentes do sistema de diálise no local.

A fase de desenvolvimento dos componentes do sistema de diálise no local envolve

- Desenvolvimento de uma arquitetura de sistema de diálise no local, e
- Refinamento dos requisitos numa base contínua

Esta fase centra-se na conceção, desenvolvimento e demonstração de peças e subsistemas, mantendo o custo e o risco a um nível inferior. São desenvolvidos e avaliados modelos, que são depois validados para o subsistema e os componentes. O sistema de diálise no local é submetido a testes de desenvolvimento e completa todos os testes de investigação e desenvolvimento durante esta fase.

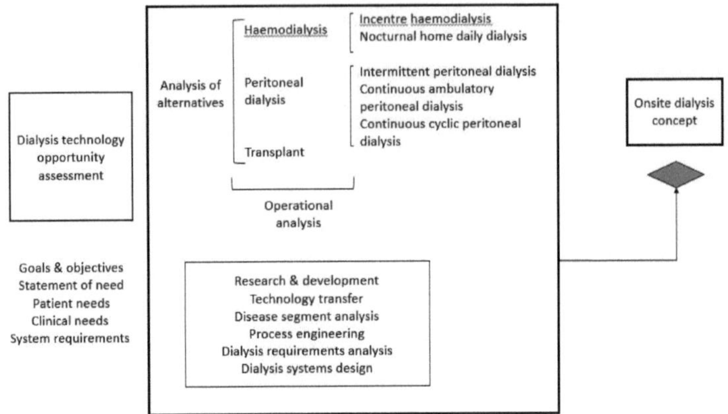


Figura 22: Fase de exploração do conceito de um sistema de diálise no local

(Fonte: Adaptado do guia SEF 2001)

5.7 Desenvolvimento e demonstração de sistemas:

A fase de desenvolvimento e demonstração do sistema de diálise no local envolve duas sub-fases:

- Fase de integração do sistema de diálise no local e
- Fase de demonstração do sistema de diálise no local

A fase de integração de um sistema de diálise no local é uma fase em que os componentes do sistema são montados e integrados num sistema de diálise eficaz no local. O sucesso da conceção tem uma relação direta com o sucesso da integração. Uma conceção precisa torna a integração mais fácil e mais rápida.

Uma conceção imprecisa conduz à complexidade da integração e o sistema pode não funcionar corretamente, o que exigiria uma reformulação da conceção fora dos limites de tolerância. O documento de requisitos operacionais da diálise no local, a arquitetura do sistema de diálise no local e a avaliação da tecnologia são os dados de entrada. Os componentes são integrados para formar o subsistema e os subsistemas são montados para formar o sistema de diálise no local. Durante esta fase, é efectuada uma análise exaustiva dos requisitos com revisões.

Numa fase de demonstração do sistema de diálise no local, o sistema passa pela conceção preliminar e pela conceção pormenorizada. O protótipo do sistema de diálise no local é testado em condições operacionais. O objetivo da conceção preliminar é confirmar que o sistema de diálise no local satisfaz o desempenho e as especificações dentro do orçamento e do calendário. Na conceção preliminar de um sistema de diálise no local, o nível mais baixo de requisitos é documentado e levado até ao nível dos componentes. O projeto preliminar do sistema inclui: Especificações de design e interface, design de suporte e estudos de comércio efetivo, modelos, design de interface, design de nível superior de software, planos de teste de desenvolvimento, integração e verificação, estudos de especialidade de engenharia (Kossiakoff & Sweet, 2003).

A revisão interna e a revisão preliminar do projeto são realizadas para todos os subsistemas. O sistema de diálise no local entra agora na fase de projeto pormenorizado. O objetivo do projeto detalhado é produzir todos os elementos a partir do nível dos componentes. Os requisitos durante o projeto detalhado consistem em produzir desenhos, planos, especificações e todas as informações relevantes necessárias para a construção do sistema de diálise no local. É necessário construir um protótipo do sistema de diálise móvel e testar o sistema para o validar. O projeto detalhado inclui a especificação da produção, desenhos detalhados do subsistema, protótipo do hardware, desenhos de controlo da interface, plano de controlo da configuração, plano e procedimentos de ensaio detalhados, planos de garantia da qualidade e apoio logístico integrado detalhado (Kossiakoff & Sweet, 2003). Os elementos críticos do sistema de diálise no local, tais como o subsistema de tratamento de água, o subsistema de diálise, o subsistema de transporte, o subsistema de comunicação e gestão da informação, o subsistema de investigação laboratorial de patologias, o subsistema de eliminação de resíduos e outros subsistemas são testados quanto ao seu desempenho e qualidade.

A robustez é determinada através de testes repetidos em condições de funcionamento do sistema. Uma vez efectuados estes testes exaustivos, as partes interessadas avaliam o desempenho e os riscos associados ao sistema de diálise no local. Quando convencidos da eficácia, segurança, robustez, capacidade operacional e desempenho técnico esperado, a direção decide produzir o sistema de diálise no local.

5.8 Produção e implantação de sistemas:

A fase de produção e implementação de um sistema de diálise no local divide-se em:

- Preparação para a produção e produção inicial a baixa velocidade
- Produção e implantação de taxas

O sistema de diálise no local encontra-se na fase introdutória do seu ciclo de vida. Durante esta fase, a atenção centra-se na criação da capacidade de fabrico do sistema. Os subsistemas do sistema de diálise no local são produzidos inicialmente utilizando a produção inicial de baixa velocidade (LRIP). O desempenho do sistema de diálise in situ é avaliado nas linhas de teste e avaliação operacional inicial (IOT&E). Após a fase de IOT&E, o sistema passa à fase seguinte, que é a produção em série e a colocação em serviço. Os testes e avaliações são efectuados repetidamente para aperfeiçoar o processo de produção e as linhas de produção são subsequentemente aumentadas. Quando a produção está estabilizada e documentada, a linha de base do sistema de diálise no local é configurada. Durante esta fase, os esforços de engenharia do sistema tentam criar eficiência com um enfoque nas áreas funcionais. O sistema de diálise no local é implementado com sistemas e procedimentos de gestão em vigor.

## 5.9 Manutenção e eliminação do sistema:

Esta fase tem como objetivo manter o desempenho do sistema de diálise no local através da personalização e modificação conforme exigido pelos operadores e doentes, conduzindo assim a ciclos de produção mais recentes e a sistemas modificados. As modificações podem ser efectuadas em qualquer um dos subsistemas, como o dialisador, o sistema de purificação de água, os tanques de armazenamento de água, etc. A unidade de diálise no local pode também ser modificada como unidade hospitalar de nefrologia de campo, acrescentando as unidades de cirurgia vascular e de cirurgia nefrológica. O ciclo de vida do sistema de diálise no local poderia ser ainda mais alargado através de alterações planeadas. As mudanças no ciclo de vida da tecnologia levam à adição de sistemas mais recentes e à atualização do sistema de diálise no local.

O sistema de diálise no local deve ser eliminado após a sua desativação. Durante esta fase, os regulamentos em matéria de saúde e ambiente são respeitados aquando da eliminação do sistema após a desmontagem. É essencial esterilizar o sistema e torná-lo livre de agentes patogénicos antes da destruição dos resíduos.

# 6.0 EVOLUÇÃO DE UM SISTEMA DE DIÁLISE NO LOCAL

## 6.1 Introdução:

Os sistemas evoluem ao longo do tempo devido à alteração das necessidades dos clientes/utilizadores, aos desenvolvimentos tecnológicos, à melhoria das concepções e à adaptação aos desenvolvimentos em domínios como as tecnologias da informação e a nanotecnologia.

Como já foi referido, a principal capacidade de uma unidade de diálise é efetuar diálise e manter a vida dos doentes que sofrem de ESRD. A eficácia de um sistema depende da adaptação à evolução das necessidades dos utilizadores, do desenvolvimento tecnológico e da experiência adquirida no funcionamento do sistema de diálise no local.

## 6. 2Desenvolvimento de sistemas de diálise:

O Dr. Willem Kloff desenvolveu o primeiro dialisador de tambor moderno em 1943 com o objetivo de ajudar os rins a recuperar. Mas foi apenas em 1962, após o desenvolvimento do shunt por Belding Scribner, que o dialisador de Kloff foi utilizado para a

DRS (Davita, 2004). A década de 1960 marcou o início da diálise domiciliária. A década de 1970 assistiu ao desenvolvimento da diálise portátil (Portalysis desenvolvida por Yorkshire, um fabricante de tecidos). Mais tarde, duas outras máquinas de diálise portáteis, Redy e Nxt, foram introduzidas durante a década de 1970. As máquinas de diálise desenvolvidas durante a década de 1970 utilizavam o princípio da diálise por bicarbonato, em que os bicarbonatos eram adicionados num tanque, misturados e agitados com um bastão. A solução desenvolvida por este processo não era estável.

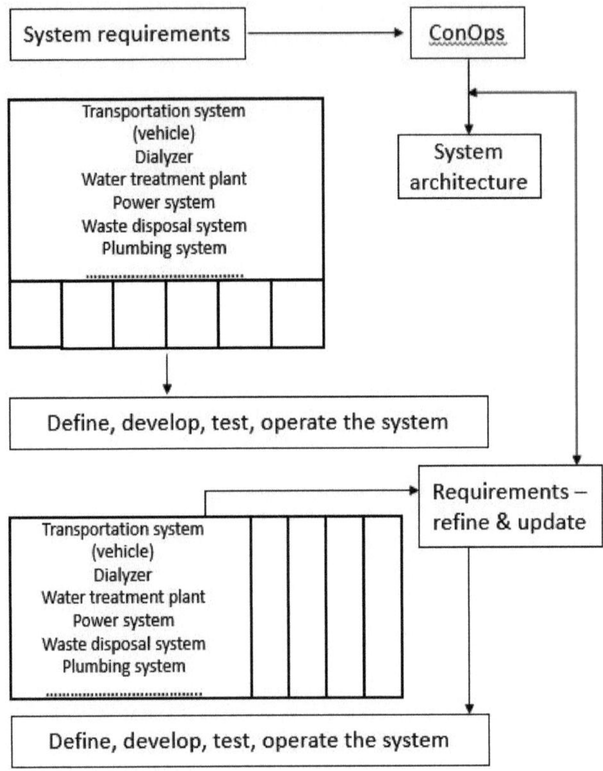


Figura 23: Evolução de um sistema de diálise no local

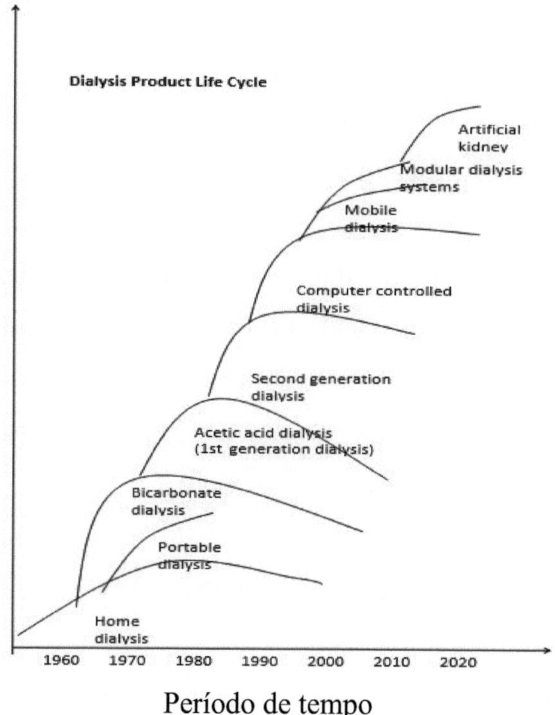


Figura 24: Ciclo de vida dos produtos de diálise ao longo do tempo (sugerido com sistemas e períodos de tempo estimados)

O desenvolvimento da diálise com acetato teve início na década de 1980. A diálise com acetato é também designada por diálise de primeira geração. No processo de diálise com acetato, os químicos eram misturados num recipiente. O ciclo de Kreb decompõe o acetato em bicarbonato. A concentração de acetato fazia com que os doentes ficassem doentes devido aos elevados níveis de acidez no sangue. Por isso, era necessário reduzir os níveis de acidez e estabilizar o tampão no corpo.

O desenvolvimento da diálise com bicarbonato teve lugar durante a década de 1990. Esta diálise com bicarbonato é designada por diálise de segunda geração e tornou-se popular. Vários fabricantes, como a Fresenius, a Gambro, a Hospal e a Cobe, desenvolveram dialisadores que utilizam microprocessadores simples. O dialisador controlado por computador foi desenvolvido em 1997.

## 6.3 Engenharia de sistemas durante a fase de conceção evolutiva:

Durante a fase evolutiva, o sistema é confrontado com várias questões em termos de configuração, de gestão dos blocos e dos seus controlos. Cada subsistema tem exigências e sistemas de controlo específicos.

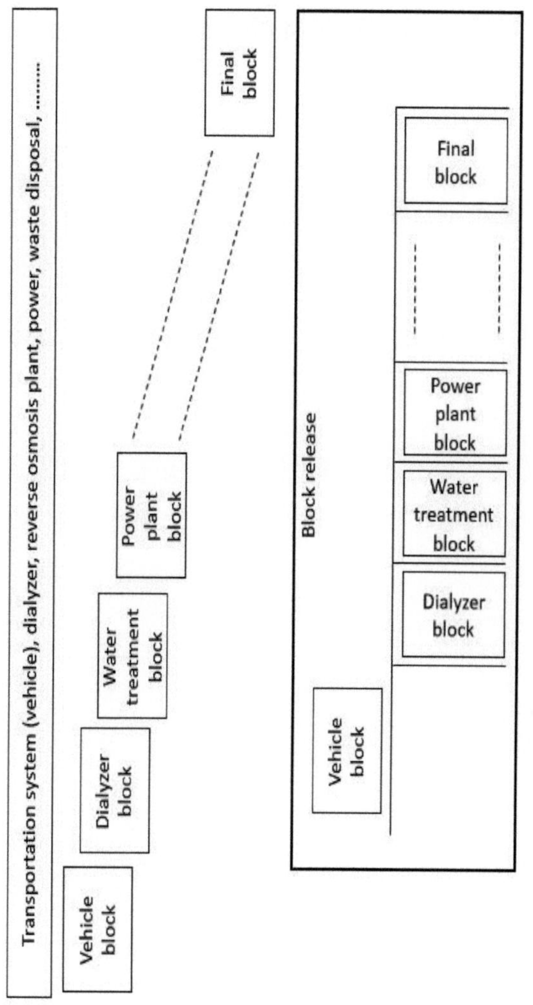

Transportation system (vehicle), dialyzer, reverse osmosis plant, power, waste disposal, ........
Vehicle block
Dialyzer block
Water treatment block
Power plant block
Final block
Block release
Vehicle block
Dialyzer block
Water treatment block
Power plant block
Final block

Figura 25: Uma conceção evolutiva de um sistema de diálise no local

# 7.0UM PROCESSO DE ENGENHARIA DOS REQUISITOS DO SISTEMA DE DIÁLISE NO LOCAL

## 7.1 Introdução:

De acordo com o System Engineering Fundamentals Guide 2001, "o processo de engenharia de sistemas é um processo de resolução de problemas de cima para baixo, iterativo, abrangente e recursivo, aplicado sequencialmente ao longo das fases de desenvolvimento do sistema" (DoD 2001). Um sistema em desenvolvimento é classificado em três tipos de arquitecturas:

-Arquitetura funcional

- Arquitetura física e

- Arquitetura do sistema

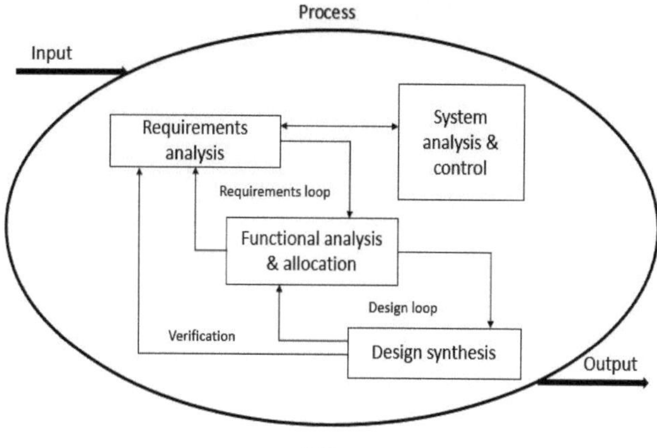

Figura 26: Processo de engenharia de sistemas (Fonte: Guia SEF 2001)

As entradas do processo são as necessidades dos doentes de ESRD, as necessidades dos operadores do sistema, os seus requisitos, a declaração da missão e dos objectivos, os factores ambientais, as restrições, os requisitos de saída da tecnologia do dialisador, a tecnologia de purificação da água, etc. (DoD 2001). Os requisitos dos clientes são traduzidos em requisitos funcionais e de desempenho.

Quadro 12: Processo de requisitos de engenharia de sistemas

| Requisitos | Foco | Expresso em |
|---|---|---|
| Requisitos do cliente | Operador do sistema | Objectivos da missão<br>Medidas de eficácia<br>Restrições de conceção<br>Ambiente operacional |

| Requisitos funcionais | Acções necessárias para satisfazer as expectativas dos clientes | Nível superior funções |
|---|---|---|
| Requisitos de desempenho | Grau em que as acções devem ser realizadas para satisfazer as expectativas | Âmbito de aplicação Qualidade Quantidade Disponibilidade |

(Fonte: Adaptado de Kossiakoff & Sweet, 2003)

7. 2Análise dos requisitos do sistema :

Os requisitos referem-se às "características de desempenho do sistema que está a ser concebido e são o foco principal do processo de engenharia de sistemas" (DoD 2001). O objetivo dos requisitos na engenharia dos sistemas de diálise no local é traduzir as necessidades dos doentes de ESRD para a conceção do sistema e aplicá-las ao longo do ciclo de vida do sistema de diálise no local. A análise pormenorizada dos requisitos do sistema é abordada na secção 7.4.

A gestão dos requisitos refere-se a "todas as actividades que garantem que os requisitos são identificados, documentados, mantidos, comunicados e rastreados ao longo do ciclo de vida de um sistema, produto ou serviço" (ISO/IEC IEEE 29148. 2011).

7.2. 1Requisitos do cliente:

Os requisitos do cliente referem-se às declarações de necessidades do cliente expressas em termos do(s) utilizador(es). Os principais clientes são os clientes internos que desempenham as funções do ciclo de vida do sistema de diálise no local, que incluem actividades como: desenvolvimento, produção e construção, implantação, funcionamento, apoio à manutenção, eliminação, formação e verificação. Os clientes que desempenham as funções primárias ao longo do ciclo de vida do sistema de diálise no local são o técnico de diálise e o enfermeiro de diálise que opera o veículo.

Os requisitos dos principais clientes são obtidos através de observação, entrevistas, discussões e questionários.

7.2. 2Áreas operacionais :

O sistema de diálise no local é útil para os doentes com DRT que vivem em zonas distantes e remotas onde não têm acesso a clínicas/hospitais de diálise.

O sistema de diálise no local oferece um serviço de diálise ao doente com ESRD quando este não pode deslocar-se devido à deterioração do seu estado de saúde.

A carrinha de diálise com uma única unidade de diálise pode ser desenvolvida e implantada em terrenos montanhosos e zonas remotas.

O sistema de diálise múltipla pode ser útil para organizar instalações de diálise num local remoto.

O sistema de diálise modular tem potencial para ser desenvolvido num hospital de nefrologia de campo ou de transplantes em situações de calamidade natural e de guerra.

7.2.3Cenário :

O sistema requer dois operadores principais - o técnico de diálise e o enfermeiro de diálise com motorista. Através de um processo de comunicação com as autoridades de saúde, os doentes com DRT que necessitam de diálise em locais inacessíveis ou remotos são identificados e os doentes podem ser contactados em função da gravidade e severidade da doença renal. O sistema pode ser transportado regularmente para o mapa de percursos dos doentes. Cada doente com DRT necessitaria de três procedimentos de diálise numa semana, com uma duração de quatro horas cada diálise.

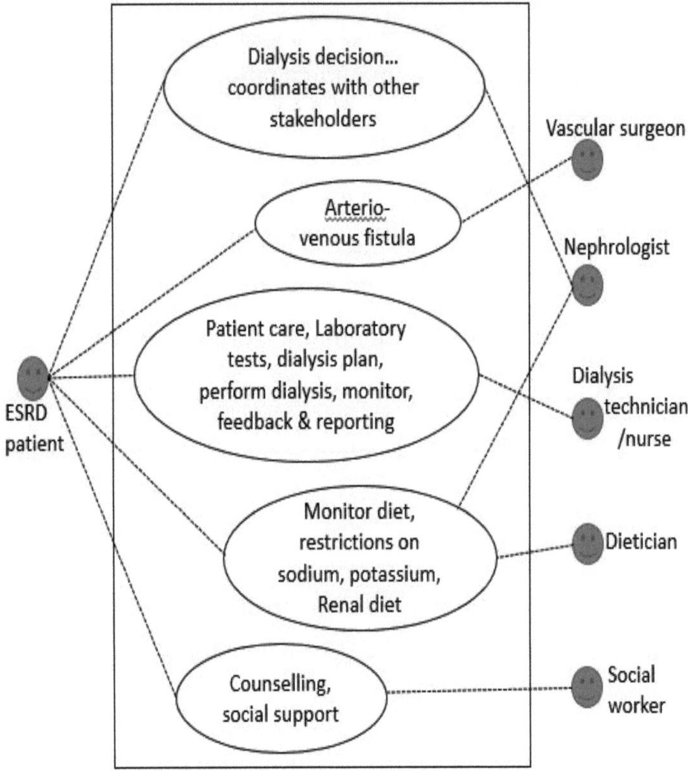


Figura 27: Cenário de diálise

### 7.2.4 Desempenho:

Os parâmetros do sistema necessários para a realização da missão são:

- O dialisador, o sistema de tratamento de água, o sistema elétrico, os sistemas do veículo e todos os outros subsistemas devem estar totalmente funcionais antes da partida para a diálise. O sistema operacional - o dialisador e a estação de tratamento de água - deve ser inspeccionado quanto à sua higiene, limpeza e bom estado de funcionamento. A carrinha de diálise única deve dispor de uma unidade de diálise de reserva para fins de emergência ou em caso de necessidade de efetuar diálise em vários doentes ao mesmo tempo. Os consumíveis médicos e de diálise devem ser armazenados em quantidades adequadas, prevendo-se a possibilidade de aquisição de consumíveis adicionais quando necessário.

### 7.2.5 Ambiente de utilização

O ambiente de utilização elabora a utilização de vários componentes do sistema. A carrinha/camião é o sistema de implantação, o dialisador para a função principal de realizar diálise em doentes com ESRD. Outros subsistemas destinam-se a funções de apoio. Estes são o fornecimento de água pura para a realização da diálise, o sistema de energia para um fornecimento contínuo de energia e outros subsistemas, tal como mencionado na Figura 45 em Decomposição funcional.

### 7.2.6 Requisitos de eficácia

O sistema de diálise, devido à sua função principal de mobilidade, exige um elevado grau de fiabilidade e tolerância às vibrações durante o transporte. O sistema de diálise no local deve cumprir todos os requisitos exigidos pelas entidades reguladoras da saúde e estar em conformidade com os processos exigidos para os dispositivos médicos (classificação IEC 60601) e os regulamentos relativos ao equipamento e à FDA.

### 7.2.7 Ciclo de vida operacional

O sistema de diálise no local requer medidas rigorosas em termos do seu funcionamento. Os serviços relacionados com a diálise devem ser efectuados apenas por um técnico de diálise qualificado que valida o sistema de diálise no local após cada diálise, garantindo a conformidade com os regulamentos. O dialisador é esterilizado após cada ciclo operacional, de acordo com os procedimentos estabelecidos pelas autoridades reguladoras.

### 7.2.8 Ambiente

As máquinas devem ser instaladas numa carrinha/camião com um ambiente sem vibrações, utilizando amortecedores especialmente fabricados para manter a durabilidade do equipamento. A diálise é efectuada num ambiente higiénico, sem poluição ou poeiras. A informação flui da unidade no local para o hospital ou laboratório de base para lidar com situações de emergência. Um sistema de diálise no local é também apoiado por patologistas e nefrologistas, que monitorizam e recomendam um curso de ação em caso de situações que exijam atenção. O operador do sistema de diálise no local coordena com os engenheiros de serviço no local dos fornecedores de equipamento a calibração e a manutenção do equipamento.

## 7.3 Processo de requisitos:

"Os requisitos são declarações que identificam a capacidade ou função necessária a um sistema para satisfazer uma necessidade do cliente" (Sage & Rouse, 2009). "Um requisito é uma declaração que identifica uma caraterística ou restrição operacional, funcional ou de projeto de um produto ou processo, que é inequívoca, testável ou mensurável e necessária para a aceitabilidade do produto ou processo (ISO/IEC 2007).

O processo de definição de requisitos exige "uma abordagem coerente e iterativa do pensamento sistémico, a resolução das suas consequências e conflitos, uma definição clara de um arquiteto do sistema com limites, interfaces, interacções e propriedades emergentes bem definidos e a resolução de conflitos resultantes de compromissos ou negociações. Os requisitos utilizam a modelação e todos os meios para compreender as necessidades das partes interessadas e a tecnologia relevante, de modo a obter uma compreensão completa do sistema. Os requisitos ajudam os indivíduos e o esforço da equipa a adotar métodos criativos para oferecer uma solução eficiente e eficaz num ambiente complexo" (UCL CSE 2012c), como mostram as Figuras 28 e 29.

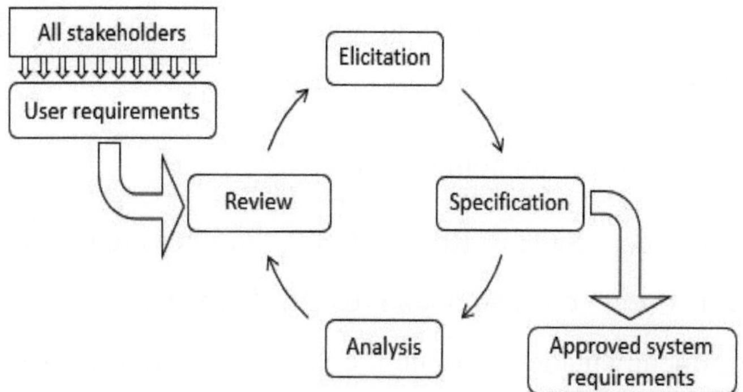


Figura 28: Processo de requisitos (Fonte: UCL CSE. 2012c)

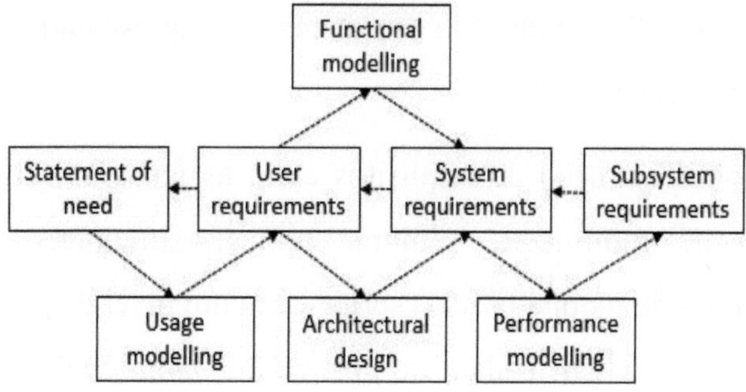


Figura 29: Processo de modelação de requisitos (Fonte: UCL CSE 2012c)

Os requisitos são captados através de entrevistas estruturadas, questionários, reuniões estruturadas, cenários (operacionais, de manutenção e de formação), prototipagem e modelação" (UCL CSE 2012c).

Características de um bom requisito:

De acordo com Sage & Rouse (2009), "um bom requisito deve explicar 'o que' é e não 'como' é. Um bom requisito deve ser único, documentado e atómico, com um objetivo identificado, aprovado, rastreável, completo, não ambíguo e verificável, com unidades declaradas, estados de aplicação identificados e pressupostos de estado. Os requisitos são apresentados como "deve, deveria e será".

Uma boa declaração de requisitos evita as palavras: otimizar, maximizar, minimizar, sempre, nunca, simultâneo. As declarações de requisitos são escritas com um nível de pormenor adequado e contêm a data de aprovação. Uma declaração de requisitos é racional, consistente, atenta aos meios e permite a parametrização" (Sage & Rouse, 2009).

### 7.3.1 Registo das necessidades de diálise:

O processo de recolha das necessidades dos doentes, clínicos, técnicos de diálise, enfermeiros de diálise, nutricionistas, familiares dos doentes em diálise e outras partes interessadas envolvidas no sistema de diálise com o objetivo de compreender e resolver um problema relacionado com a diálise é designado por recolha de requisitos de diálise. A conceção do sistema de diálise pode ser excelente, mas a base do projeto de diálise está diretamente relacionada com a recolha dos requisitos correctos das partes interessadas.

Os requisitos podem ser captados a partir de várias fontes ligadas ao sistema e às partes interessadas do sistema. As principais fontes de requisitos de diálise são as principais partes interessadas. Os requisitos de diálise podem ser obtidos através de uma variedade de métodos, tais como: entrevista com os doentes em diálise, nefrologistas, técnicos de diálise, enfermeiros de diálise, nutricionistas, análise dos sistemas e subsistemas dos concorrentes, desempenho, avaliação dos sistemas de diálise existentes, leitura e compreensão dos manuais de políticas e procedimentos dos concorrentes e dos sistemas de diálise existentes. Os manuais de políticas e procedimentos ajudam a identificar a interação dos sistemas e as restrições regulamentares. Observar os doentes em diálise, observar os clínicos e técnicos de diálise, compreender e identificar os seus problemas ajuda a resolver os requisitos das partes interessadas e do sistema. O método de recolha de requisitos de diálise é apresentado na Figura 30 abaixo.

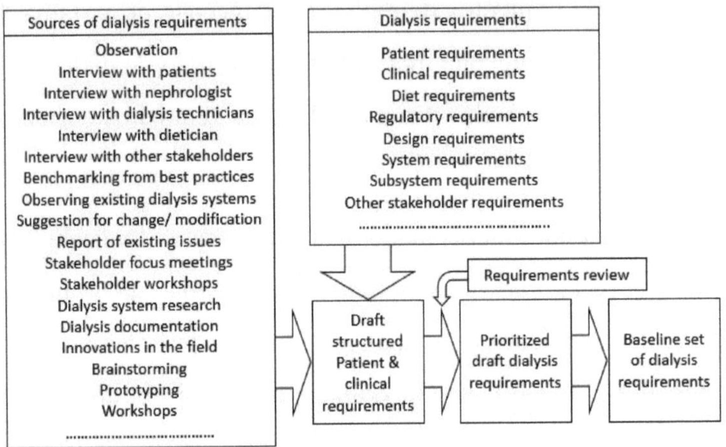


Figura 30: Registo das necessidades de diálise (Adaptado de Stevens et al. 1998)

7.3.2 Níveis de requisitos num sistema de diálise:

Os requisitos de um sistema de diálise podem ser classificados como:

Requisitos do doente, requisitos clínicos, requisitos do sistema, requisitos de conceção e requisitos do subsistema. Os requisitos do subsistema de diálise podem ainda ser classificados como requisitos do sistema rígido de diálise, requisitos do sistema operativo de diálise, requisitos do sistema de manutenção de diálise, requisitos do sistema flexível de diálise, requisitos da rede de diálise, requisitos da infraestrutura de diálise, etc. (Figura 31). Os níveis acima referidos de requisitos de diálise seguem o padrão observado ao longo do lado esquerdo do diagrama de Vee (Figura 32) abaixo. Todos os requisitos acima mencionados estão interligados e são rastreáveis até à fonte de origem. A verificação é efectuada ao nível dos sistemas e a validação é feita ao nível dos clínicos de diálise e dos doentes.

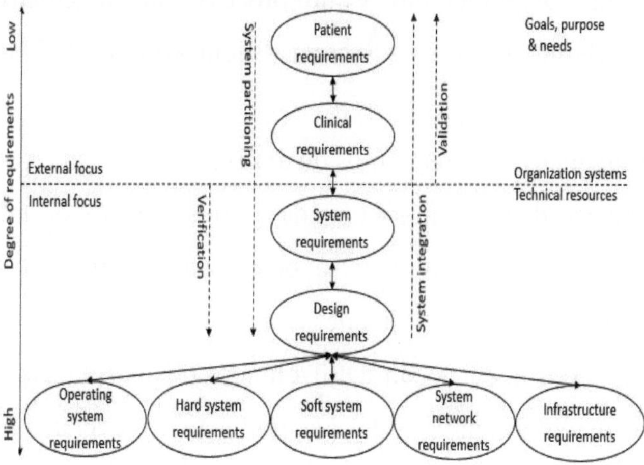


Figura 31: Níveis de requisitos num sistema de diálise (Modificado de UCL CSE 2012c)

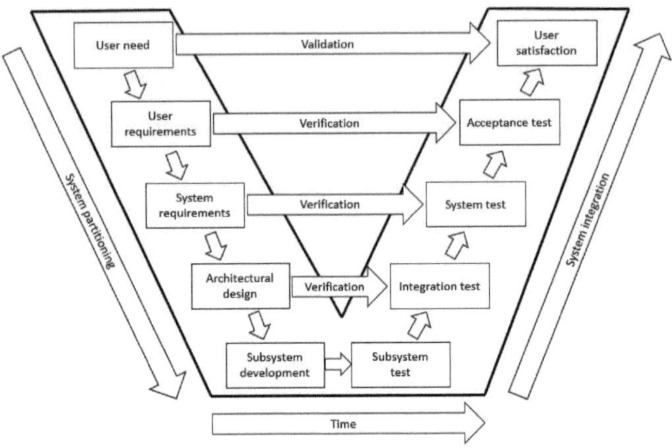


Figura 32: Diagrama em V do processo de engenharia de sistemas (Fonte: Centre for Systems Engineering UCL 2012)

## 7.4 Engenharia dos requisitos de diálise:

A engenharia de requisitos é uma das partes mais importantes da engenharia de sistemas, que se ocupa da identificação e do levantamento das necessidades das partes interessadas do sistema ou dos doentes com DRT/clínicos de diálise/técnicos de diálise ou enfermeiros e da sua tradução na declaração dos requisitos dos sistemas de diálise.

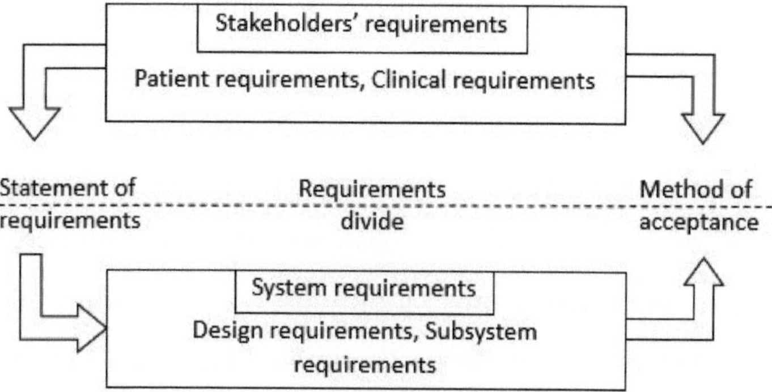


Figura 33: Necessidades de diálise (Modificado de UCL CSE 2012c)

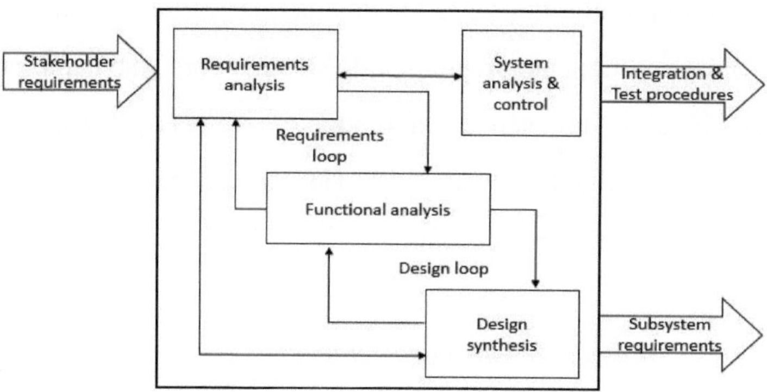


Figura 34: Processo de definição dos requisitos das partes interessadas (Fonte: UCL CSE 2011b)

## 7.5 Processo de definição dos requisitos das partes interessadas:

De acordo com a norma ISO/IEC 15288 (2008), "o objetivo do processo de definição dos requisitos das partes interessadas é definir os requisitos de um sistema que possa fornecer os serviços necessários aos utilizadores e a outras partes interessadas num ambiente definido. Identifica as partes interessadas, ou classes de partes interessadas, envolvidas no sistema ao longo do seu ciclo de vida, bem como as suas necessidades, expectativas e desejos. Analisa e transforma-os num conjunto comum de requisitos das partes interessadas que exprimem a interação pretendida do sistema com o seu ambiente operacional e que são a referência em relação à qual cada operação resultante é validada" (ISO/IEC 15288. 2008). A Figura 34 ilustra esta situação.

### *7.5.1 Requisitos das partes interessadas:*

*Nefrologista:*

O médico que assiste o doente em diálise deve ser um nefrologista qualificado, que tenha obtido o título de especialista em medicina nefrológica.

O nefrologista deve possuir experiência na gestão clínica da doença renal em fase terminal.

*Técnico de diálise:*

O técnico de diálise que assiste o doente com doença renal em fase terminal deve ser qualificado em tecnologia de diálise.

O técnico de diálise deve receber formação sobre o procedimento de execução da hemodiálise.

O técnico de diálise deve possuir uma experiência profissional mínima de três anos num hospital ou num centro de diálise.

O técnico de diálise deve ter recebido formação sobre a criação de fístulas e deve ser capaz de canular ou administrar lidocaína ou soro fisiológico durante o início ou o fim da diálise.

O enfermeiro responsável pela diálise que assiste o doente deve receber formação sobre os procedimentos de diálise, a distribuição de medicamentos, a administração de injecções, a identificação da lista de medicamentos e outros procedimentos relativos à segurança farmacêutica, ao armazenamento e à administração.

Tanto o técnico de diálise como o enfermeiro de diálise devem possuir uma carta de condução de veículos de quatro rodas válida.

O técnico de diálise deve ter recebido formação em serviços de laboratório em conformidade com os procedimentos da lei relativa aos serviços de laboratório.

*Plano de cuidados de diálise:*

O prestador de serviços do sistema de diálise no local deve administrar o serviço de diálise ao doente com doença renal em fase terminal com base no plano de cuidados de diálise elaborado por uma equipa interdisciplinar composta por um médico de diálise principal (nefrologista), um técnico de diálise, um enfermeiro de diálise, um assistente social e um nutricionista.

Após a avaliação de cada doente em fase terminal de diálise renal, a equipa interdisciplinar deve elaborar um plano individualizado de cuidados de diálise que especifique as necessidades de diálise de cada doente.

O plano de cuidados de diálise deve cumprir os objectivos de tratamento dos doentes com doença renal em fase terminal, nomeadamente as necessidades médicas, de tratamento, psicológicas, de segurança e sociais.

O plano de cuidados de diálise deve incluir a participação do doente e dos seus representantes legais e deve ser elaborado em coordenação com outros prestadores de cuidados.

O primeiro plano de diálise do doente deve ser elaborado no prazo de duas semanas após a inscrição do doente no serviço de diálise no local e atualizado após avaliação pela equipa interdisciplinar com base nos progressos do doente no tratamento.

### *7.5.2 Requisitos nutricionais:*

Deve ser atribuído um dietista a cada doente em fase terminal de diálise renal.

O nutricionista efectua o rastreio nutricional, a avaliação nutricional, prescreve a alimentação e elabora um plano alimentar para o doente renal.

O dietista avalia os parâmetros bioquímicos, tais como a função renal, a ureia, a creatinina, o potássio, o sódio e a albumina.

O dietista deve adaptar a alimentação às necessidades de saúde do doente com doença renal em fase terminal.

O nutricionista só prescreve nutrição parentérica quando o doente não pode consumir alimentos por via oral.

O dietista deve controlar regularmente o estado de nutrição do doente.

O dietista deve prescrever ao doente com doença renal em fase terminal apenas o aporte proteico necessário para corrigir a desnutrição e encorajar o doente a consumir uma alimentação adequada.

O dietista não deve administrar alimentos ricos em potássio, como a banana, a manga e os vegetais de folha verde.

O dietista controla o regime alimentar do doente com doença renal em fase terminal e controla a resposta do doente ao plano alimentar, em concertação com o nefrologista.

*7.5.3 Requisitos para a dispensa de medicamentos:*

O prestador de serviços do sistema de diálise no local deve dispensar medicamentos e produtos farmacêuticos e servir as necessidades dos doentes com doença renal em fase terminal, em conformidade com as regras e os regulamentos do conselho farmacêutico nacional, o organismo que rege a dispensa de medicamentos e produtos farmacêuticos.

Todos os medicamentos para aplicações orais ou tópicas devem ser armazenados num armário separado, seguro e sob a supervisão do técnico de diálise.

Os medicamentos da lista H devem ser armazenados separadamente e apenas acessíveis ao técnico de diálise.

Nenhum medicamento da lista H pode ser administrado sem a prescrição de um médico em consulta com o nefrologista que assiste o doente.

Todos os medicamentos administrados aos doentes com doença renal em fase terminal devem ser devidamente registados nos registos de medicação, indicando o medicamento administrado, a dose, a hora da administração e a pessoa que administra o medicamento.

### *7.5.4 Requisitos do laboratório de patologia:*

O laboratório do serviço do sistema de diálise no local deve cumprir os requisitos da lei relativa aos serviços laboratoriais na prestação de serviços laboratoriais.

O enfermeiro responsável pela diálise ou o técnico de diálise controlam e mantêm os inventários dos artigos do laboratório e registam os exames laboratoriais administrados aos doentes com doença renal em fase terminal.

### *7.5.5 Requisitos de reabilitação:*

O assistente social avalia as necessidades sociais e psicológicas dos doentes que sofrem de doença renal em fase terminal. O assistente social presta apoio e os cuidados necessários para que o doente e a sua família possam enfrentar a doença. Assim, ajuda o doente a recuperar do trauma e da agonia causados pela doença renal em fase terminal.

O assistente social elabora e documenta um relatório sobre o estado de doença do doente renal em fase terminal no prazo de quinze dias após a avaliação do estado social e psicológico do doente.

O assistente social avalia e analisa a evolução do doente com doença renal em fase terminal e facilita o tratamento do doente.

*7.5.6 Requisitos para os registos médicos:*

O prestador de serviços do sistema de diálise no local deve cumprir as regras e regulamentos da lei relativa aos registos médicos.

O técnico de diálise deve manter prontamente um registo médico exato e completo de cada doente, em formato escrito, eletrónico ou gráfico.

Os registos médicos devem ser conservados e armazenados num local seguro.

Apenas as pessoas autorizadas podem ter acesso aos registos dos doentes e nenhuma pessoa não autorizada pode ter acesso aos registos dos doentes.

O técnico do sistema de diálise no local deve manter os registos médicos de forma legível através de um processo de criação de códigos para cada doente e de indexação dos mesmos para facilitar o acesso.

Todos os registos médicos devem ser armazenados e conservados para consulta sempre que necessário.

Os registos médicos dos doentes com deficiência mental ou menores serão conservados durante um período de dezasseis anos ou quinze anos após a alta do doente, consoante o que for mais longo.

Os registos médicos não devem ser destruídos individualmente. A destruição dos registos médicos deve ser documentada de acordo com as políticas e procedimentos do prestador de serviços do sistema de diálise.

Os registos médicos serão destruídos por trituração, queima ou outros meios compatíveis com a natureza confidencial dos relatórios.

7. 6Requisitos do sistema :

O sistema de diálise no local deve garantir a segurança de todos os doentes em fase terminal de diálise renal em tratamento.

O sistema de diálise móvel existente não pode ser alterado sem a aprovação do serviço e sem a autorização prévia, por escrito, dos membros do comité composto por um designer, um arquiteto e um engenheiro autorizado.

Qualquer alteração introduzida no sistema de diálise existente no local deve respeitar a lei relativa à eletricidade, a lei relativa à prevenção de incêndios, a lei relativa às orientações para a conceção de sistemas médicos no local, a lei relativa à saúde pública nacional e a lei relativa aos serviços de higiene alimentar.

O sistema de abastecimento de água do sistema de diálise no local deve dispor de água quente e de água fria, com uma temperatura da água quente compreendida entre 100 e 120 graus centígrados.

O fabrico e a montagem do sistema de diálise no local devem ser efectuados exclusivamente em conformidade com as especificações e os planos aprovados.

As especificações e os desenhos do sistema de diálise no local devem ter dimensões exactas e incluir a descrição de cada elemento com esquemas, explicações e legendas.

Um engenheiro licenciado deve preparar um plano à escala reduzida de um oitavo de polegada equivalente a um pé que represente a disposição dos subsistemas no sistema de diálise no local.

Os resíduos devem ser recolhidos e eliminados de acordo com o procedimento do departamento do ambiente e devem cumprir os regulamentos existentes que são aplicados pelas clínicas e hospitais de diálise.

### *7.6.1 Requisitos do sistema antes da diálise:*

Os limites de alarme devem ser fixados antes de iniciar o funcionamento da diálise

Os parâmetros do fluxo de fluido e do fluxo de sangue devem ser definidos e a temperatura do dialisado regulada.

A dosagem e o caudal adequados do anticoagulante devem ser ajustados e monitorizados.

O alarme deve ser impedido de ser ativado durante o procedimento de diálise

O protetor do transdutor de pressão deve ser assegurado/modificado entre os doentes durante a realização de diálise múltipla.

7. 7Requisitos de manutenção do sistema de diálise:

*7.7. 1Requisitos de segurança antes da diálise:*

O bom funcionamento do sistema de água deve ser assegurado através de controlos do teor de cloro, da suavidade da água filtrada e do teor de bactérias.

O fluxo de pressão ao longo da tubagem de diálise deve ser monitorizado.

As leituras da resistividade e da condutividade devem ser registadas.

O efluente do dialisado deve ser verificado quanto à presença de produtos químicos e o concentrado, se for encontrado, deve ser removido.

O funcionamento da unidade de diálise deve ser avaliado através da verificação dos alarmes, da temperatura, do pH do dialisado e da condutividade. A integridade do circuito extracorporal deve ser mantida.

### *7.7.2 Requisitos de segurança após a diálise:*

O sistema de diálise deve ser cuidadosamente lavado com água antes e depois de cada procedimento de diálise.

O trajeto do fluido da máquina deve ser descalcificado e limpo após a diálise com os produtos químicos prescritos.

A descalcificação com ácido cítrico ou ácido acético deve ser efectuada no final do dia.

A via do fluido deve ser desinfectada com ácido acético, hipoclorito de sódio e ácido formaldeído através do processo de enxaguamento químico.

O sistema de diálise deve ser lavado com água limpa para garantir a descarga de efluentes e produtos químicos residuais ao longo da trajetória do fluido do dialisador.

A água quente tratada a uma temperatura de 85 a 95 graus Celsius é recirculada através do sistema de diálise para efetuar a desinfeção pelo calor.

Os procedimentos de manutenção e desinfeção efectuados no sistema de diálise devem ser registados e documentados.

7. 8Requisitos do subsistema "tratamento de águas" :

O subsistema de tratamento de água deve cumprir as normas de qualidade da água de hemodiálise especificadas nas normas da AAMI (Association of Advanced Medical Instrumentation) ou da Farmacopeia Europeia.

O subsistema de tratamento de água deve ser mantido de acordo com os procedimentos especificados nas normas da AAMI (Association of Advanced Medical Instrumentation) ou da Farmacopeia Europeia e cumprir os níveis de exigência bacteriana e química aceites.

O sistema de diálise no local deve efetuar procedimentos mais rigorosos que satisfaçam os requisitos necessários para a hemodiálise. A manutenção e a reparação do subsistema de tratamento de água só podem ser efectuadas por uma pessoa tecnicamente qualificada e com experiência na manutenção e assistência técnica de subsistemas de tratamento de água.

7. 9Requisitos ambientais para a gestão de resíduos hospitalares:

O prestador de serviços do sistema de diálise no local deve implementar e manter procedimentos relativos à eliminação de resíduos perigosos e infecciosos em conformidade com as regras e regulamentos do Centro de Controlo de Doenças (CDC), Atlanta.

Os resíduos infecciosos devem incluir o seguinte:

(i). Os resíduos de sangue humano, soro e produtos plasmáticos.

(ii). Os resíduos de culturas e agentes infecciosos do laboratório de patologia.

(iii). Os resíduos de instrumentos médicos fora de uso e de agulhas e seringas afiadas.

(iv). Os resíduos de doentes com doença renal em fase terminal que sofram de doenças transmissíveis.

(v). Qualquer outro resíduo é considerado infecioso no manual de instruções.

Os resíduos perigosos e infecciosos devem ser identificados no ponto de produção de resíduos e imediatamente separados para evitar a contaminação.

Os resíduos perigosos e infecciosos devem ser embalados separadamente para evitar infecções e lesões no público e nos manipuladores de resíduos; e devem ser fornecidos com instruções de manuseamento, transporte e eliminação.

Só devem ser utilizados materiais de embalagem opacos para a eliminação dos resíduos patológicos

7.10Requisitos de espaço e armazenamento:

Deve ser mantido um espaço adequado entre os postos de diálise para conforto dos doentes.

Devem ser previstas instalações de armazenamento em zonas específicas do sistema.

A instalação de armazenamento deve estar localizada longe das estações de diálise.

O sistema deve ser mantido em estado higiénico, com ventilação e saneamento permanentes, a fim de evitar infecções.

As substâncias químicas devem ser armazenadas em zonas afastadas do armazenamento de alimentos ou medicamentos. O sistema deve proibir condições que abriguem roedores ou pragas.

## 7. 11Requisitos não funcionais :

Em todas as entradas e no interior das instalações do sistema de diálise no local devem estar claramente representados sinais ou símbolos de proibição de fumar com a imagem de um cigarro a arder rodeado por um círculo vermelho com uma barra vermelha a atravessá-lo.

O sistema de diálise no local deve garantir a não discriminação de qualquer pessoa em relação ao sexo, raça, cor, nacionalidade e deve proteger os direitos civis dos doentes ao abrigo da lei dos direitos civis e da lei da reabilitação.

O pessoal médico que assiste o doente no sistema de diálise no local deve providenciar um serviço de emergência se as condições médicas do doente se deteriorarem durante um procedimento de diálise.

O pessoal médico que atende os doentes no sistema de diálise no local deve apresentar relatórios sobre as práticas de diálise, as directrizes e os resultados da diálise.

O pessoal médico que atende os doentes no sistema de diálise no local deve tomar todas as medidas de precaução para evitar a transmissão de doenças ao doente em diálise.

Todo o pessoal médico deve prestar aconselhamento e consultoria em domínios relacionados com a melhoria da qualidade dos serviços de diálise, o controlo das infecções e o sistema de prestação de serviços.

Todo o pessoal médico que assiste os doentes com doença renal em fase terminal deve possuir qualificações na área da diálise renal e ter uma experiência não inferior a três anos no domínio da diálise renal.

Nas situações em que um nefrologista pediátrico não está disponível como nefrologista principal para tratar um doente pediátrico, o nefrologista adulto pode atuar como nefrologista principal sob a supervisão de um nefrologista pediátrico.

Um médico ou um nefrologista deve estar disponível vinte e quatro horas por dia para atender o pessoal do sistema de diálise no local e os doentes em diálise.

Os requisitos das partes interessadas, os requisitos do sistema e os requisitos de conceção resultantes da entrevista aprofundada às partes interessadas do sistema de diálise são apresentados no Quadro 13.

Quadro 13: Requisitos das partes interessadas, requisitos do sistema e requisitos de conceção

| Água de osmose inversa para diálise | |
|---|---|
| Requisitos das partes interessadas | Só deve ser utilizada água de osmose inversa ultrapura como entrada para o aparelho de diálise máquina. |
| Requisitos do sistema | O sistema deve manter água de osmose inversa ultrapura nas quantidades necessárias para diálise. |
| Requisitos de conceção | O parâmetro para a realização da diálise deve ser determinado. |

| Requisitos das partes interessadas | A água utilizada para a hemodiálise deve ter um grau de pureza de 99%. |
|---|---|

| | |
|---|---|
| Sistema<br>Requisitos | A água de osmose inversa utilizada no sistema deve estar em conformidade com as normas da Farmacopeia Europeia e com os critérios da Association for Advancement of Medical Instrumentation relativos às bactérias. A qualidade bacteriana da água de osmose inversa não deve exceder mais de 100 unidades formadoras de colónias / mililitro e os níveis de endotoxinas não devem exceder 0,050 unidades de endotoxinas/ml |
| Conceção<br>Requisitos | Os parâmetros de qualidade da água de osmose inversa devem ser determinados. |

| | |
|---|---|
| Requisitos das partes interessadas | A qualidade da água de osmose inversa deve ser controlada regularmente |
| Requisitos do sistema | Um instrumento para medir a pureza da água de RO, as endotoxinas bacterianas devem ser medidas à saída do tanque de água de RO que liga à entrada da máquina de diálise. |
| Requisitos de conceção | O método de recolha de amostras de água de osmose inversa deve ser identificado. |

| Requisitos das partes interessadas | Cada doente em diálise necessita de 120 litros de água de osmose inversa para uma única diálise de quatro horas de duração. A quantidade de água de osmose inversa utilizada para a limpeza e enxaguamento da máquina deve ser de 50 litros. |
|---|---|
| Requisitos do sistema | A necessidade de água de osmose inversa para um procedimento de diálise de quatro horas é de calculada em 170 litros por doente. |
| Requisitos de conceção | O reservatório de água de osmose inversa deve ter uma capacidade mínima de 1700 litros. |

| Instalação de água RO | |
|---|---|
| Requisitos das partes interessadas | O sistema deve dispor de um abastecimento contínuo de água de osmose inversa de elevada pureza para reabastecimento da água de osmose inversa no sistema de hemodiálise. |
| Requisitos do sistema | Uma instalação de produção de água super limpa por osmose inversa, tal como especificado pelo Farmacopeia Europeia /Associação para o Avanço dos Instrumentos Cirúrgicos.<br>A instalação de água RO deve incluir um tanque de armazenamento, filtro de areia e filtro de carbono, membrana e subsistema de bomba. |
| Requisitos de conceção | Parâmetros de conceção da instalação externa de água por osmose inversa |

| | |
|---|---|
| Requisitos das partes interessadas | O refluxo de água da máquina para o sistema de água deve ser controlado |
| Requisitos do sistema | Deve ser instalada uma válvula de controlo na junção que liga o sistema de água à máquina de diálise para evitar o refluxo da água. |
| Requisitos de conceção | Concebido para impedir o fluxo inverso ou o refluxo da água. |

| Máquina de diálise | |
|---|---|
| Requisitos das partes interessadas | O técnico de diálise controla a taxa de depuração renal da ureia e da creatinina para cada paciente |
| Requisitos do sistema | O monitor de depuração em linha deve calcular a taxa de depuração renal da ureia e da creatinina (kT/V).<br>O monitor de desobstrução em linha deve registar as leituras para facilitar a monitorização. |
| Requisitos de conceção | Os parâmetros de controlo e acompanhamento da depuração renal devem ser medidos.<br>Os parâmetros de depuração renal devem ser ajustados individualmente para cada doente. |

| | |
|---|---|
| Requisitos das partes interessadas | O técnico de diálise deve selecionar o regulador de fluxo sanguíneo na máquina de diálise com base na idade do doente e no estado da fístula. |
| Requisitos do sistema | Uma bomba de sangue deve fazer avançar o sangue para o dialisador a um ritmo de 200 a 500 ml de sangue por minuto para os adultos. A bomba de sangue deve fazer circular o sangue a um ritmo de 150 ml de sangue por minuto para crianças e pessoas com fístulas novas. |
| Requisitos de conceção | O parâmetro de regulação da velocidade de circulação do sangue na máquina de diálise deve ser determinado |

| Monitor | |
|---|---|
| Requisitos das partes interessadas | O doente e o pessoal assistente devem poder ler claramente as leituras o monitor, deitando-se na cadeira de diálise ou ficando de pé ao lado da cadeira ou ambos. O técnico de diálise deve regular a máquina com base no peso do doente antes de iniciar o procedimento de diálise |
| Requisitos do sistema | O monitor deve ser colocado num ângulo visível para o doente e para o assistente. Um ecrã de visualização e uma fonte de luz devem indicar as leituras a todo o momento quando o a máquina está a funcionar |
| Requisitos de conceção | Os parâmetros de cada um dos valores devem ser medidos e indicados. |

| Processo de diálise | |
|---|---|
| Requisitos das partes interessadas | O técnico de diálise deve regular a máquina com base no peso do doente antes de iniciar o processo de diálise. |
| Requisitos do sistema | O sistema deve medir o peso, a tensão arterial e o pulso do doente antes e após hemodiálise. |
| Requisitos de conceção | Parâmetros de controlo dos sinais vitais. |

| | |
|---|---|
| Requisitos das partes interessadas | O doente deve receber uma diálise de boa qualidade com uma boa tolerância.<br>O operador deve utilizar um dialisador biocompatível para efetuar a diálise. |
| Requisitos do sistema | A área de superfície difusiva do dialisador deve situar-se entre 1 e 1,8 metros quadrados.<br>O tamanho do dialisador deve ser proporcional ao peso corporal do doente com doença renal em fase terminal. O caudal de dialisado deve ser igual ou superior a 500 mililitros/minuto.<br>A fístula deve ter 3 milímetros de diâmetro para permitir um fluxo sanguíneo adequado.<br>A máquina de diálise deve processar o fator Kt/V a 1,2.<br>A taxa de redução da ureia não deve ser inferior a 65%. |

| | |
|---|---|
| | O dialisador automático deve indicar o volume do feixe de fibras ou o volume total de células. |
| Requisitos de conceção | Controlo dos parâmetros que determinam a qualidade da diálise<br>Determinação do parâmetro de avaliação da eficiência do dialisador |

| | |
|---|---|
| Requisitos das partes interessadas | O técnico de diálise deve efetuar a preparação antes de cada diálise |
| Requisitos do sistema | Lavar o dialisador e o conjunto de tubos de sangue com solução salina normal antes de cada diálise |
| Requisitos de conceção | Parâmetro destinado a evitar a aderência do sangue ao circuito de diálise e ao dialisador. |

| | |
|---|---|
| Requisitos das partes interessadas | O técnico de diálise deve certificar-se de que não ficam partículas de ar no circuito de diálise. |
| Requisitos do sistema | A agulha da fístula arterio-venosa deve ser ligada à bomba de sangue para remover qualquer ar retido. O detetor de bolhas de ar deve ser ligado à saída que transporta o sangue puro de volta ao corpo. |

| Requisitos de conceção | O parâmetro de transporte de sangue sem ar deve ser monitorizado e medido. |
|---|---|

| Requisitos das partes interessadas | Deve ser efectuado o isolamento dos pacientes de alto risco (pacientes que sofrem de VIH/HBV/HCV) para evitar a propagação de doenças. |
|---|---|
| Requisitos do sistema | Devem ser disponibilizados equipamentos e instalações especiais para conter a transmissão de doenças para doentes em diálise que sofrem de VIH/HBV/HCV para evitar a propagação da infeção. |
| Requisitos de conceção | Deve ser disponibilizado um sistema de diálise separado para os doentes de alto risco. |

| Requisitos das partes interessadas | Os anticoagulantes devem ser administrados com solução salina normal para evitar a coagulação do sangue. |
|---|---|
| Requisitos do sistema | As gotas controladas de heparina devem pingar automaticamente no sangue que passa, a partir do bomba de infusão. |
| Requisitos de conceção | Devem ser disponibilizados parâmetros para monitorizar a coagulação do sangue. |

| | |
|---|---|
| Requisitos das partes interessadas | O enfermeiro responsável pela diálise deve registar a tensão arterial antes da canulação.<br>O enfermeiro responsável pela diálise deve controlar a tensão arterial de meia em meia hora durante e após a diálise. |
| Requisitos do sistema | O instrumento automatizado deve monitorizar e registar a tensão arterial a intervalos regulares durante todo o processo. |
| Requisitos de conceção | Devem ser incluídos parâmetros para monitorizar a função cardíaca do doente. |
| Requisitos das partes interessadas | O técnico de diálise deve selecionar o modo de tratamento para iniciar a diálise.<br>O técnico de diálise deve selecionar o modo de recirculação após a escorva.<br>O modo de diálise deve ser efectuado depois de o sangue entrar no detetor de bolhas de ar no retorno venoso. |
| Requisitos do sistema | O sistema deve incluir o modo de preparação, o modo de diálise e o modo de ultrafiltração.<br>O ecrã da máquina de diálise deve conter informações sobre o estado da máquina. |
| Requisitos de conceção | Devem ser definidos os parâmetros da máquina de diálise para o modo de tratamento.<br>Devem ser monitorizados os parâmetros do modo de preparação, do modo de diálise e do modo de ultrafiltração.<br>O técnico de diálise deve certificar-se de que não ficam partículas de ar no circuito de diálise |

| | |
|---|---|
| Requisitos das partes interessadas | O técnico de diálise deve administrar 100 ml de soro fisiológico após a diálise, a fim de para re-infundir sangue. |
| Requisitos do sistema | A bomba de sangue deve forçar o soro fisiológico a drenar as partículas de sangue minúsculas que aderem ao tubagem. |
| Requisitos de conceção | Parâmetro para reduzir a aderência do sangue no sistema. |

| | |
|---|---|
| Requisitos das partes interessadas | A máquina deve ser enxaguada e lavada com desinfetante quente após cada diálise. |
| Requisitos do sistema | Deve ser prevista a possibilidade de enxaguar e lavar a máquina.<br>Deve ser prevista uma disposição que permita a circulação do desinfetante. |
| Requisitos de conceção | Parâmetro de controlo da infeção inter-individual. |

| | |
|---|---|
| Requisitos das partes interessadas | A solução de diálise deve ser administrada ao doente na proporção correcta. |

| | |
|---|---|
| Requisitos do sistema | A máquina de diálise deve necessitar de um concentrado ácido e de uma solução de bicarbonato na<br>rácio 1:1.83. |
| Requisitos de conceção | Deve ser determinado o parâmetro que permite misturar o concentrado de diálise na proporção correcta. |

| | |
|---|---|
| Requisitos das partes interessadas | O dialisador deve desempenhar as funções de um rim artificial.<br>O desempenho da diálise deve ser "amigo do doente", com menos efeitos secundários. |
| Requisitos do sistema | O subsistema "dialisador" deve ter fibras ocas com uma superfície de 1,3 m2<br>metros para efetuar a difusão. |
| Requisitos de conceção | Para assegurar a função de filtração, deve ser utilizado um dialisador de membrana de polímero de metacrilato de metilo (PMMA) ou de copolímero de etileno e álcool vinílico (EVAL). |

| Sistema de transportes | |
|---|---|
| Requisitos das partes interessadas | As normas de emissão de gases de escape prescritas pelo responsável pelo ambiente devem ser e devem respeitar as normas de controlo da poluição prescritas. |

| | |
|---|---|
| Requisitos do sistema | O motor do veículo deve satisfazer os requisitos em matéria de emissões ambientais de acordo com as normas internacionais normas. |
| Requisitos de conceção | O parâmetro de emissão deve ser fornecido. |
| Requisitos das partes interessadas | A vida útil e a utilização do equipamento devem ser prolongadas, minimizando os vibrações. O impacto do ruído e das vibrações deve ser monitorizado e mantido dentro dos limites exigidos. |
| Requisitos do sistema | O sistema deve ser instalado num equipamento de absorção de vibrações especialmente concebido para o efeito.<br>As vibrações devem estar dentro dos limites de tolerância. |
| Requisitos de conceção | Deve ser fornecido o parâmetro para um fator p reduzido. |
| Requisitos de segurança eléctrica | |
| Requisitos das partes interessadas | O equipamento de diálise deve estar em conformidade com as normas de segurança eléctrica prescritas para dispositivo médico |
| Requisitos do sistema | O sistema deve permitir até 100 micro-Amperes de corrente de risco para os pacientes sistema ligado. A corrente de risco no quadro não deve exceder 300 micro-Amperes |

| Requisitos de conceção | O parâmetro "limites seguros de corrente para aparelhos electromédicos" deve ser tornado obrigatório. |
|---|---|

| Requisitos dos materiais de construção | |
|---|---|
| Requisitos das partes interessadas | Na construção de um sistema de diálise só podem ser utilizados materiais não tóxicos.<br>Os materiais inertes e tóxicos para a construção do sistema de diálise devem ser rejeitados pelos vendedores/fornecedores de equipamento. |
| Requisitos do sistema | O discriminador deve ser capaz de rejeitar 100% dos materiais tóxicos e inertes. |
| Requisitos de conceção | Devem ser medidos os parâmetros de compatibilidade do fluido em contacto. |

| 11i. Requisitos de pressão transmembranar | |
|---|---|
| Partes interessadas Requisitos | O operador deve poder ser avisado, por meio de sinais de alarme, sempre que a pressão a o circuito sanguíneo varia. |
| Requisitos do sistema | Deve ser instalado um monitor de pressão na entrada arterial para medir a flutuação do sangue pressão com uma exatidão de ±20 mm Hg. |

| | |
|---|---|
| Requisitos de conceção | Devem ser definidos os parâmetros para detetar variações da pressão transmembranar no circuito extracorporal. |

| 11j. Requisitos de temperatura | |
|---|---|
| Requisitos das partes interessadas | O operador deve poder monitorizar a temperatura em linha. |
| Requisitos do sistema | O sistema deve manter a temperatura do dialisado entre 33 e 40 graus Celsius. |
| Requisitos de conceção | Devem ser definidos os parâmetros de controlo das temperaturas em linha. |

| 11k. Sistema de controlo de ultra-filtragem | |
|---|---|
| Requisitos das partes interessadas | O operador deve ser capaz de ler e registar os parâmetros da taxa de ultrafiltração, corrente, volume de fluido removido, tempo de duração da diálise e objetivo de ultrafiltração volume. |
| Requisitos do sistema | Uma ultra-filtração automatizada que equilibra o sistema que funciona com uma precisão de ±100mL / hora no início e no fim de cada operação de diálise deve ser instalado. |

| | |
|---|---|
| Requisitos de conceção | O parâmetro de registo da taxa de ultrafiltração é determinado |

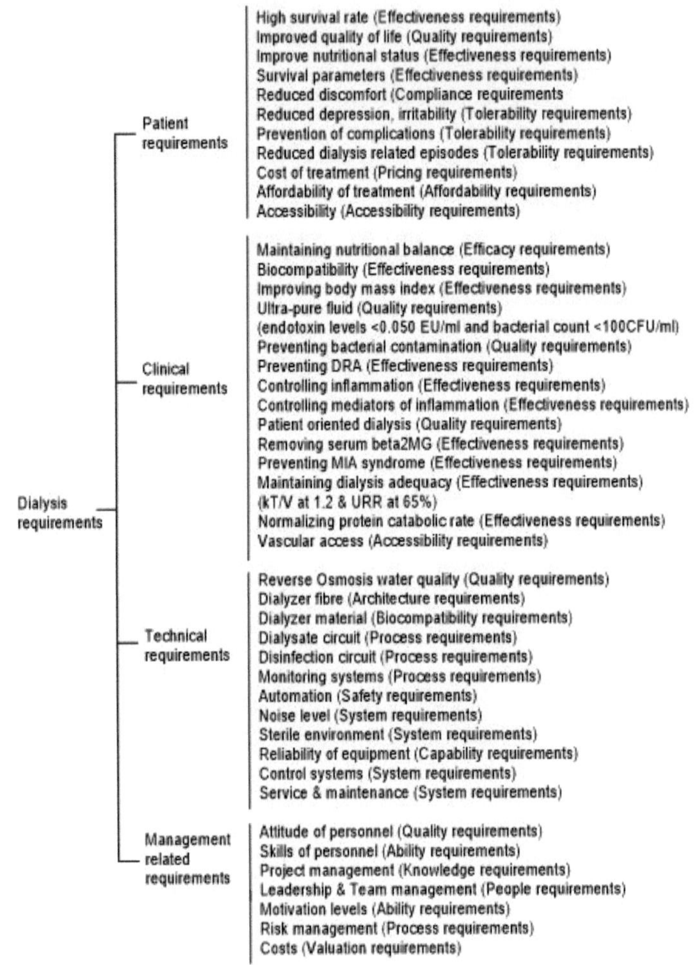


Figura: 35: Decomposição classificada das necessidades de diálise

## 7.12Objectivos de um sistema de diálise:

Os objectivos do sistema de diálise são:

- Oferecer diálise orientada para o doente a doentes com doença renal em fase terminal
- Reduzir a mortalidade e a morbilidade e melhorar a qualidade de vida dos doentes
- Para reduzir a desnutrição, a inflamação e a aterosclerose (MIA) e prevenir a amiloidose relacionada com a diálise
- Para prevenir complicações da diálise, como depressão, irritabilidade, perturbações do sono e mal-estar
- Estar acessível ao doente no momento necessário

A captação do ponto de vista das partes interessadas é uma componente essencial da análise dos requisitos. Os pontos de vista de todas as partes interessadas variam consoante os seus conhecimentos e experiência. Não prestar atenção aos pormenores dos pontos de vista pode ter influência no resultado clínico.

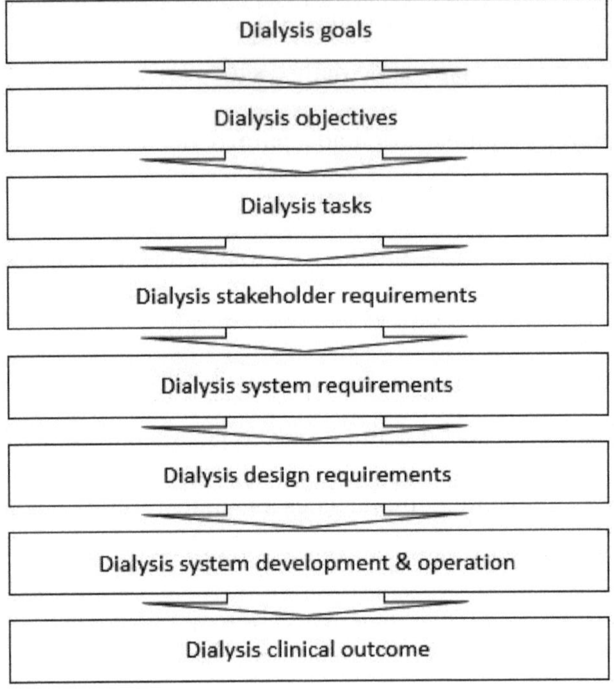


Figura 36: Objectivos de um sistema de diálise

A fim de avaliar os pontos de vista das partes interessadas, foram elaborados e aplicados questionários (Apêndice 2a) a várias partes interessadas do atual sistema de hemodiálise nos Estados do Sul da Índia. Inicialmente, foram efectuadas entrevistas estruturadas às partes interessadas. Os questionários foram aplicados a 102 partes interessadas de 16 hospitais e clínicas de diálise, utilizando um método de amostragem aleatória simples. As respostas de 70 inquiridos são apresentadas no quadro 14. Os locais de amostragem situavam-se na cidade de Chennai, em Tamil Nadu, e nos distritos de Kottayam, Alleppey e Thiruvananthapuram, em Kerala, na parte sul da Índia.

Quadro 14: Resumo das respostas aos questionários

| Partes interessadas | Questionários administrados | Inquiridos | |
|---|---|---|---|
| | | Números | % |
| Nefrologistas | 16 | 12 | 75% |
| Cirurgião vascular | 1 | 1 | 100% |
| Dietistas | 5 | 3 | 60% |
| Técnicos de diálise | 20 | 16 | 80% |
| Enfermeiros de diálise | 20 | 16 | 80% |
| Doentes com ESRD | 40 | 22 | 55% |
| Total de partes interessadas | 102 | 70 | 68.62 % |

Os requisitos de diálise foram identificados e decompostos em requisitos do doente, requisitos clínicos, requisitos técnicos e requisitos relacionados com a gestão, como se mostra no Quadro 15. Os requisitos do doente são os mais importantes de todos os requisitos.

A amostra de inquiridos, constituída por 22 doentes com doença renal em fase terminal submetidos a hemodiálise no Government Medical College, Thiruvananthapuram, Kerala, Índia, recebeu o questionário 2 (Anexo 2a). As "necessidades de tratamento" dos doentes situam-se nos domínios de:

- Eficácia do tratamento
- Segurança da administração
- Conformidade ou tolerância ao tratamento
- Acessibilidade do tratamento e
- Acessibilidade ou localização do hospital que administra o tratamento

Foram aplicados questionários sobre a comparação dos critérios de tratamento entre pares a 16 técnicos de diálise e 12 nefrologistas - um total de 28 peritos (Apêndice 2b). Pediu-se aos peritos que escolhessem um critério de entre os dois critérios dados, obtidos através da elicitação de requisitos.

Quadro 15: Decomposição das necessidades de diálise em função das necessidades

| Requisitos de diálise | | | |
|---|---|---|---|
| Requisitos do doente | Requisitos clínicos | Requisitos técnicos | Gestão |
| Elevada taxa de sobrevivência<br>Melhoria da qualidade de vida<br>Melhorar o estado nutricional<br>Reduzir a mortalidade<br>Redução da depressão | Manter o equilíbrio nutricional<br>Biocompatibilidade<br>Melhorar o índice de massa corporal<br>Fluido ultra-puro (níveis de endotoxina <0,050 EU/ml e contagem bacteriana <100 CFU/ml)<br>Prevenir a contaminaç | Qualidade da água por osmose inversa<br>Qualidade da fibra do dialisador<br>Filtro de diálise<br>Circuito de dialisado<br>Circuito de desinfeção<br>Caudal da solução<br>Permeabilidade da membrana de diálise | Atitude do pessoal<br>Competências do pessoal<br>Gestão de projectos competências<br>Liderança e gestão de equipas<br>Níveis de motivação<br>Gestão do risco<br>Cálculo de custos |

| Reduzir a irritabilidade Prevenção de complicações Redução de episódios Acessibilidade do tratamento Acessibilidade do tratamento Capacidade de levar uma vida normal Redução do | ão bacteriana Prevenir a amiloidose relacionada com a diálise Controlo dos mediadores da inflamação Diálise orientada para o doente Remoção de beta 2 MG sérico Prevenir a síndrome de desnutrição, inflamação e arritmias (MIA) | Taxa de hemodiafiltração Sistemas de controlo Automatização Nível de ruído Ambiente esterilizado Equipamento Sistemas de controlo Serviço e manutenção | |
|---|---|---|---|

| desconforto | Manter a adequação da diálise (kT/V a 1,2 e URR a 65%) Normalização da taxa de catabolismo proteico Acesso vascular | | |
|---|---|---|---|

(Fonte: Adaptado de Ernest H Forman et al. The Analytical Hierarchy Process- An Exposition)

Tal como se pode observar na Tabela 15, há um total de 47 requisitos indicados na lista de requisitos de diálise. Os requisitos decorrem das necessidades dos doentes, que são: necessidades de eficácia, necessidades de segurança, necessidade de cumprir a terapêutica, necessidade de pagar a terapêutica e necessidade de aceder à terapêutica.

Observou-se também que a maioria dos doentes com doença renal em fase terminal escolheu o "método de tratamento" aconselhado pelo nefrologista. Foram seleccionados para análise os seguintes métodos de tratamento (procedimentos de diálise). A Figura 37 mostra o que se segue:

Hemodiálise no centro (HD no centro)

Hemodiálise no local (On-site HD)

Diálise peritoneal intermitente (DPI)

Diálise peritoneal cíclica contínua (CCPD)

Diálise peritoneal ambulatória contínua e (CAPD)

Diálise nocturna diária em casa (NHDD)

A partir dos "requisitos de tratamento" e dos "métodos de tratamento" acima referidos, o investigador formulou uma hierarquia de decisão com um objetivo, critérios e alternativas (Stiguer, Duberstein e Lopes, 2003). Esta ilustração é apresentada na Figura 38, em que foi gerado um conjunto de cinco critérios e outro conjunto de seis alternativas.

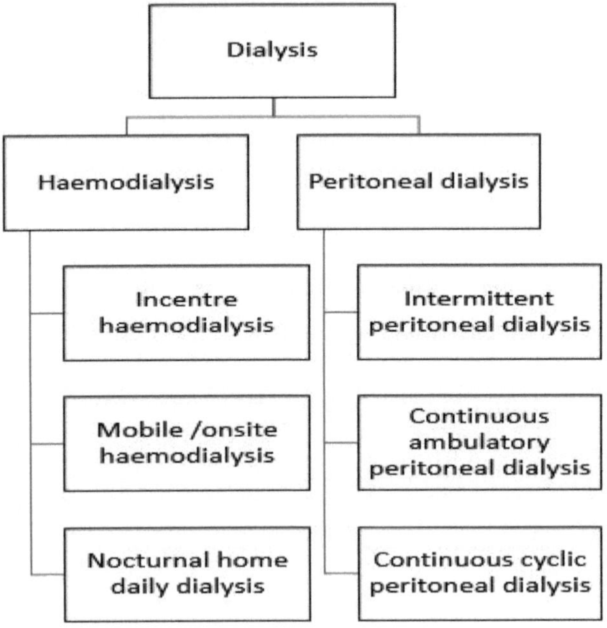


Figura 37: Métodos de tratamento de diálise (segmentos de tratamento) (Fonte: Pendse et al., 2008)

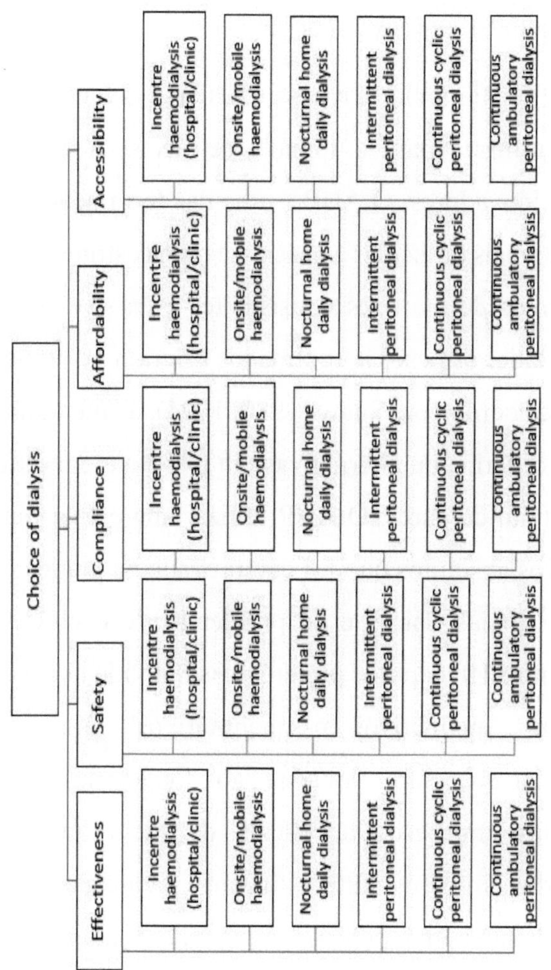


Figura 38: Hierarquia de decisão com um objetivo, critérios e alternativas (Fonte: Adaptado de Saaty, 1994)

7.13 Analytic Hierarchy Process:

O Analytic Hierarchy Process (AHP) é uma ferramenta de decisão utilizada para a tomada de decisões complexas em projectos inovadores. O AHP é uma das ferramentas de tomada de decisão mais utilizadas e baseia-se numa estrutura matemática bem definida de matrizes consistentes e na sua capacidade de gerar verdadeiros pesos aproximados (Merkin 1979; Saaty 1980, 1994). De acordo com Saaty (1980, 1994), a "metodologia AHP compara critérios ou alternativas em relação a um critério, num modo natural de pares. O AHP utiliza uma escala fundamental de números absolutos que foi comprovada na prática e validada por experiências físicas e de problemas de decisão. A escala utilizada no AHP capta as preferências individuais relativamente a atributos qualitativos e quantitativos". As preferências individuais que são captadas ao longo das escalas são convertidas em pesos de escala de rácio que podem ser combinados em pesos aditivos lineares para cada alternativa. O peso resultante obtido pode ser comparado e, assim, a alternativa pode ser classificada. Isto ajuda o decisor a fazer uma escolha entre um determinado conjunto de alternativas (Saaty, 1994).

7.13.1 Desenvolvimento do AHP:

O AHP foi desenvolvido no final dos anos 60 por Thomas Saaty, um dos pioneiros da Investigação Operacional. O AHP ajuda as pessoas comuns a resolver problemas complexos e a tomar decisões.

O AHP envolve as seguintes etapas: Estruturação da complexidade Escala de medição do rácio e Síntese

Estruturação da complexidade: Saaty (1980, 1994) descobriu que a mente humana organiza e divide a complexidade em estruturas hierárquicas, que são organizadas em grupos homogéneos de factores. Da mesma forma, Simon, Herbert (1972) afirmaram que a composição dos sistemas complexos sugere que a organização tende a assumir uma forma hierárquica sempre que a tarefa é complexa em relação aos poderes de resolução de problemas e de comunicação dos membros da organização e das suas ferramentas.

Escala de medida de rácio: De acordo com Saaty (1980, 1994), a escala de medição mais adequada para avaliar a ordem hierárquica é a escala de rácio. Este facto foi ainda apoiado pela classificação de Steven (1946) das escalas de medida como nominal, ordinal, intervalar e de rácio. A escala de rácio é utilizada para medir proporções. Saaty (1980, 1994) sugeriu a utilização da escala de rácio para medir cada par de factores, comparando e julgando os pares. Numa estrutura hierárquica, os elementos acima do nível hierárquico mais baixo devem utilizar uma escala de rácio porque os pesos dos elementos no nível hierárquico são determinados pela multiplicação das prioridades dos elementos nesse nível pelas prioridades dos elementos situados na posição dos pais. O AHP utiliza escalas de rácio para determinar a medida exacta no nível mais baixo da ordem hierárquica.

Síntese: A síntese é uma terminologia da engenharia de sistemas que se refere à combinação de partes num todo, enquanto a análise se refere à divisão de um todo num subsistema e nos seus componentes. A análise é um antónimo de síntese. As decisões complexas envolvem múltiplas partes interessadas e várias dimensões. De acordo com Saaty (1980, 1994), para tomar uma decisão adequada e precisa, é necessário primeiro analisar e depois sintetizar os factores envolvidos na tomada de decisão. A estrutura hierárquica do Analytical Hierarchy Process permite a análise e a síntese de múltiplos factores presentes na hierarquia. Por conseguinte, qualquer decisão complexa que exija análise e síntese aplica o AHP para resolver o problema. O AHP é frequentemente utilizado em conjunto com outras metodologias. Neste estudo, a investigação aplicou o AHP juntamente com o Quality Function Deployment.

7.13.2 Aplicação do AHP em métodos de tratamento de diálise:

Aplicando o AHP para identificar o tratamento mais adequado para o doente, os critérios de tratamento são tabulados e classificados através de uma comparação entre pares. A comparação entre pares dos critérios de tratamento é apresentada na Tabela 16. A intensidade da ponderação é avaliada utilizando a técnica de escalonamento na escala de 1 a 9 (1 representa que ambos os critérios têm a mesma importância, 3 representa uma importância moderada de um critério em relação ao outro, 5 representa uma importância forte de um critério em relação ao outro, 7 representa uma importância muito forte de um critério em relação ao outro e 9 representa uma importância extrema de um critério em relação ao outro (Figura 39).

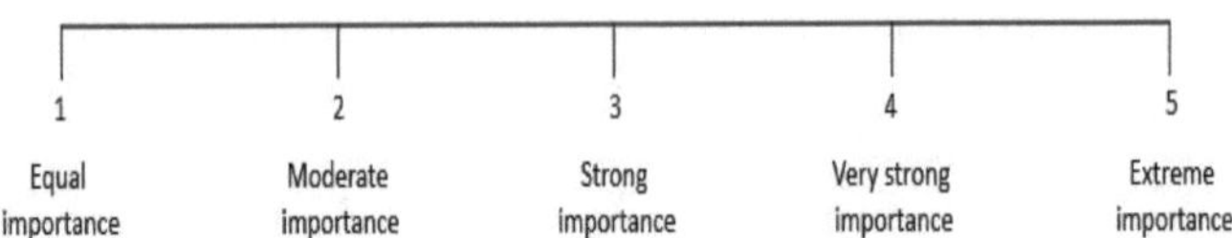


Figura 39: Escala de classificação do grau de intensidade dos critérios

Uma vez efectuado o emparelhamento e avaliada a intensidade dos critérios, os parâmetros importantes do tratamento são avaliados através de uma comparação entre pares e a média geométrica e a ponderação são calculadas conforme indicado na Tabela 18. Do mesmo modo, a comparação entre pares, a média geométrica e a ponderação são calculadas para todas as opções de diálise e registadas na intensidade da Tabela 20. As pontuações são analisadas e são calculadas a média geométrica e a ponderação para cada critério (tabelas 21 a 25).

Quadro 16: Comparação entre pares AHP

| Critério A | Critério B | Mais importante | Grau de intensidade |
|---|---|---|---|
| Eficácia | Segurança | A | 1 |

| Eficácia | Conformidade | A | 7 |
|---|---|---|---|
| Eficácia | Acessibilidade | A | 1 |
| Eficácia | Acessibilidade | A | 3 |
| Segurança | Conformidade | A | 7 |
| Segurança | Acessibilidade | A | 1 |
| Segurança | Acessibilidade | A | 7 |
| Conformidade | Acessibilidade | B | 5 |
| Conformidade | Acessibilidade | B | 5 |
| Acessibilidade | Acessibilidade | A | 5 |

Quadro 17: Cálculo da ponderação com base nos critérios de tratamento

| | | | | | | Conversão de fracções em decimais | | | | |
|---|---|---|---|---|---|---|---|---|---|---|
| | 1 | 2 | 3 | 4 | 5 | 1 | 2 | 3 | 4 | 5 |
| 1. Eficácia | 1 | 1 | 7 | 1 | 3 | 1.0000 | 1.0000 | 7.0000 | 1.0000 | 3.0000 |
| 2. Segurança | 1/1 | 1 | 7 | 1 | 7 | 1.0000 | 1.0000 | 7.0000 | 1.0000 | 7.0000 |
| 3. Conformidade | 1/7 | 1/7 | 1 | 1/5 | 1/5 | 0.1429 | 0.1429 | 1.0000 | 0.2000 | 0.2000 |
| 4. Acessibilidade de preços | 1/1 | 1/1 | 5 | 1 | 5 | 1.0000 | 1.0000 | 5.0000 | 1.0000 | 5.0000 |

| 5. Acessibilidade | 1/3 | 1/7 | 5 | 1/5 | 1 | 0.3333 | 0.1429 | 5.0000 | 0.2000 | 1.0000 |
|---|---|---|---|---|---|---|---|---|---|---|
| Total | | | | | | 3.4762 | 3.2858 | 25.000 | 3.4000 | 16.2000 |

A tabela acima é normalizada como indicado na tabela 19 abaixo.

Quadro 18: Normalização das ponderações com base nos critérios de tratamento

| | 1 | 2 | 3 | 4 | 5 | Ponderações dos critérios (CW) |
|---|---|---|---|---|---|---|
| 1. Eficácia | 0.2877 | 0.3043 | 0.2800 | 0.2941 | 0.1852 | 0.2703 |
| 2. Segurança | 0.2877 | 0.3043 | 0.2800 | 0.2941 | 0.4321 | 0.3197 |
| 3. Conformidade | 0.0411 | 0.0435 | 0.0400 | 0.0588 | 0.0123 | 0.0391 |
| 4. Acessibilidade de preços | 0.2877 | 0.3043 | 0.2000 | 0.2941 | 0.3086 | 0.2789 |
| 5. Acessibilidade | 0.0959 | 0.0435 | 0.2000 | 0.0588 | 0.0617 | 0.0920 |
| | 1.0001 | 0.9999 | 1.0000 | 0.9999 | 0.9999 | 1.0000 |

Para determinar a consistência da matriz, são efectuados os seguintes passos

Multiplicação dos componentes individuais dos critérios pelos pesos dos critérios

Componentes dos critérios x Ponderação dos critérios

$$\begin{vmatrix} 1 & 1 & 7 & 1 & 3 \\ 1 & 1 & 7 & 1 & 7 \\ 0.1429 & 0.1429 & 1 & 0.2 & 0.2 \\ 1 & 1 & 5 & 1 & 5 \\ 0.3333 & 0.1429 & 5 & 0.2 & 1 \end{vmatrix} * \begin{vmatrix} 0.2703 \\ 0.3197 \\ 0.0391 \\ 0.2789 \\ 0.0920 \end{vmatrix} = \begin{vmatrix} 0.2703 & 0.3197 & 0.2737 & 0.2789 & 0.2760 \\ 0.2703 & 0.3197 & 0.2737 & 0.2789 & 0.6440 \\ 0.0386 & 0.0457 & 0.0391 & 0.0558 & 0.0184 \\ 0.2703 & 0.3197 & 0.1955 & 0.2789 & 0.4600 \\ 0.0900 & 0.0457 & 0.1955 & 0.0558 & 0.0920 \end{vmatrix}$$

Quadro 19: Determinação da matriz de comparação $\lambda_{max}$

| | 1 | 2 | 3 | 4 | 5 | Soma ponderada Valor (WSV) | WSV/CW rácio | $\lambda_{max}$ = WSV/CV/n |
|---|---|---|---|---|---|---|---|---|
| 1. Eficácia | 0.2703 | 0.3197 | 0.2737 | 0.2789 | 0.2760 | 1.4186 | 5.2482 | 26.5627/5 |
| 2. Segurança | 0.2703 | 0.3197 | 0.2737 | 0.2789 | 0.6440 | 1.7866 | 5.5883 | |
| 3. Conformidade | 0.0386 | 0.0457 | 0.0391 | 0.0558 | 0.0184 | 0.1976 | 5.0537 | |
| 4. Acessibilidade de preços | 0.2703 | 0.3197 | 0.1955 | 0.2789 | 0.4600 | 1.5244 | 5.4658 | |
| 5. Acessibilidade | 0.0900 | 0.0457 | 0.1955 | 0.0558 | 0.0920 | 0.4790 | 5.2065 | |

| Total | 5.40<br>62 | 26.5<br>627 | 5.3<br>125 |
|---|---|---|---|

Matriz de comparação $\lambda_{max}$ = 5,3125

O índice de coerência (IC) é dado pela fórmula:

CI = ($\lambda_{max}$ - n)/n-1 em que n é o número de critérios

CI = [(5,3125 - 5)/(5-1) ( n=5)

= 0.3125/4 = 0.0781

O rácio de coerência (RC) é determinado através da divisão do índice de coerência pelo índice aleatório

CR = CI/RIonde o Índice Aleatório para uma matriz de tamanho 5 é 1,12 ( da tabela do Índice de Consistência Aleatório)

CR = 0,0781/1,12

= 0.069

$0.069 < 0.1$

O rácio de coerência é inferior a 0,1, o rácio de coerência padrão Por conseguinte, a matriz é coerente

Quadro 20: Comparação entre pares e intensidade para o método de tratamento por diálise

| Tratamento de diálise | | Eficácia | | Segurança | | Conformidade | | Acessibilidade | | Acessibilidade | |
|---|---|---|---|---|---|---|---|---|---|---|---|
| A | B | Mais importante | Intensidade | Mais importante | Intensidade | Mais importante | Intensidade | Mais importante | Intensidade | Mais importante | Intensidade |
| HD no centro | HD no local | A | 1 | A | 3 | B | 3 | A | 1 | B | 7 |
| HD no centro | NHDD | B | 7 | A | 3 | B | 3 | A | 2 | B | 6 |
| HD no centro | IPD | A | 7 | B | 5 | A | 6 | A | 3 | A | 1 |
| HD no centro | CCPD | A | 5 | B | 5 | A | 3 | A | 3 | B | 5 |
| HD no centro | CAPD | A | 3 | B | 5 | B | 6 | A | 5 | B | 8 |
| HD no local | NHDD | B | 3 | B | 1 | B | 3 | A | 3 | A | 5 |
| HD no local | IPD | A | 3 | B | 5 | A | 6 | A | 2 | A | 7 |
| HD no local | CCPD | A | 3 | B | 5 | B | 4 | A | 2 | A | 2 |
| HD no local | CAPD | B | 3 | B | 5 | B | 5 | A | 5 | B | 6 |
| NHDD | IPD | A | 7 | B | 3 | A | 3 | B | 2 | A | 5 |
| NHDD | CCPD | A | 4 | B | 3 | A | 1 | A | 1 | B | 4 |
| NHDD | CAPD | A | 5 | B | 3 | B | 5 | A | 5 | B | 7 |
| IPD | CCPD | B | 3 | B | 4 | B | 4 | B | 3 | B | 5 |
| IPD | CAPD | B | 3 | B | 5 | B | 5 | A | 4 | B | 7 |
| CCPD | CAPD | B | 3 | B | 2 | B | 5 | A | 3 | B | 6 |

(Fonte: Adaptado de Saaty, 1980)

Quadro 21: Média geométrica e ponderação do critério de eficácia do método de tratamento por diálise

| Eficácia | 1 | 2 | 3 | 4 | 5 | 6 | Média geométrica | Ponderação |
|---|---|---|---|---|---|---|---|---|
| 1. HD no centro | 1 | 1 | 1/7 | 7 | 5 | 3 | 0.2900 | 0.1900 |
| 2. HD no local | 1/1 | 1 | 1/3 | 3 | 3 | 1/3 | 1.0000 | 0.1210 |
| 3. NHDD | 7 | 3 | 1 | 7 | 4 | 5 | 3.7849 | 0.4580 |
| 4. IPD | 1/7 | 1/3 | 1/7 | 1 | 1/3 | 1/3 | 0.3018 | 0.0365 |
| 5. CCPD | 1/5 | 1/3 | 1/4 | 3 | 1 | 1/3 | 0.5054 | 0.0611 |
| 6. CAPD | 1/3 | 3 | 1/5 | 3 | 3 | 1 | 1.1029 | 0.1334 |
| Total | | | | | | | 8.2655 | 1.0000 |

(Fonte: Adaptado de Saaty, 1980)

Quadro 22: Média geométrica e ponderação do critério de segurança do método de tratamento por diálise

| Segurança | 1 | 2 | 3 | 4 | 5 | 6 | Média geométrica | Ponderação |
|---|---|---|---|---|---|---|---|---|
| 1. HD no centro | 1 | 3 | 3 | 1/5 | 1/5 | 1/5 | 0.6450 | 0.0800 |
| 2. HD no local | 1/3 | 1 | 1/1 | 1/5 | 1/5 | 1/5 | 0.3723 | 0.0460 |
| 3. NHDD | 1/3 | 1 | 1 | 1/3 | 1/3 | 1/3 | 0.4808 | 0.0600 |
| 4. IPD | 5 | 5 | 3 | 1 | 1/4 | 1/5 | 1.2464 | 0.1545 |
| 5. CCPD | 5 | 5 | 3 | 4 | 1 | 1/2 | 2.3050 | 0.2858 |
| 6. CAPD | 5 | 5 | 3 | 5 | 2 | 1 | 3.0142 | 0.3737 |
| Total | | | | | | | 8.0637 | 1.0000 |

(Fonte: Adaptado de Saaty, 1980).

Quadro 23: Média geométrica e ponderação do critério de conformidade do método de tratamento por diálise

| Conformidade | 1 | 2 | 3 | 4 | 5 | 6 | Média geométrica | Ponderação |
|---|---|---|---|---|---|---|---|---|
| 1. HD no centro | 1 | 1/3 | 1/3 | 6 | 3 | 1/6 | 0.8327 | 0.1014 |
| 2. HD no local | 3 | 1 | 1/3 | 6 | 1/4 | 1/5 | 0.8181 | 0.0998 |
| 3. NHDD | 3 | 3 | 1 | 3 | 1 | 1/5 | 1.3245 | 0.1614 |
| 4. IPD | 1/6 | 1/6 | 1/3 | 1 | 1/4 | 1/5 | 0.2781 | 0.0340 |
| 5. CCPD | 1/3 | 4 | 1/1 | 4 | 1 | 1/5 | 1.0108 | 0.1231 |
| 6. CAPD | 6 | 5 | 5 | 5 | 5 | 1 | 3.9416 | 0.4803 |
| Total | | | | | | | 8.2058 | 1.0000 |

(Fonte: Adaptado de Saaty, 1980)

Quadro 24: Média geométrica e ponderação do critério de acessibilidade do método de tratamento por diálise

| Acessibilidade | 1 | 2 | 3 | 4 | 5 | 6 | Média geométrica | Ponderação |
|---|---|---|---|---|---|---|---|---|
| 1. HD no centro | 1 | 1 | 2 | 3 | 3 | 5 | 2.1169 | 0.2941 |
| 2. HD no local | 1/1 | 1 | 3 | 2 | 2 | 5 | 1.9786 | 0.2749 |
| 3. NHDD | 1/2 | 1/3 | 1 | 1/2 | 1 | 5 | 0.8642 | 0.1200 |
| 4. IPD | 1/3 | 1/2 | 2 | 1 | 1/3 | 4 | 0.8735 | 0.1213 |
| 5. CCPD | 1/3 | 1/2 | 1/1 | 3 | 1 | 3 | 1.0699 | 0.1486 |
| 6. CAPD | 1/5 | 1/5 | 1/5 | 1/4 | 1/3 | 1 | 0.2956 | 0.0411 |

| Total | | | | | | | 7.1987 | 1.0000 |
|---|---|---|---|---|---|---|---|---|

(Fonte: Adaptado de Saaty, T.L. 1980)

Tabela 25: Média geométrica e ponderação do critério de acessibilidade do método de tratamento por diálise

| Acessibilidade | 1 | 2 | 3 | 4 | 5 | 6 | Média geométrica | Ponderação |
|---|---|---|---|---|---|---|---|---|
| 1. HD no centro | 1 | 1/7 | 1/6 | 1 | 1/5 | 1/8 | 1.0000 | 0.0952 |
| 2. HD no local | 7 | 1 | 5 | 7 | 2 | 1/6 | 2.0830 | 0.1984 |
| 3. NHDD | 6 | 1/5 | 1 | 5 | 1/4 | 1/7 | 0.7735 | 0.0736 |
| 4. IPD | 1/1 | 1/7 | 1/5 | 1 | 1/5 | 1/7 | 0.3057 | 0.0291 |

| 5. CCPD | 5 | 1/2 | 4 | 5 | 1 | 1/6 | 1.4239 | 0.1356 |
|---|---|---|---|---|---|---|---|---|
| 6. CAPD | 8 | 6 | 7 | 7 | 6 | 1 | 4.9158 | 0.4681 |
| Total | | | | | | | 10.5019 | 1.0000 |

(Fonte: Adaptado de Saaty, 1980)

Pontuação global:

Coeficientes de correção para hemodiálise no centro

=0.2703*0.1900 + 0.3197*0.0800 + 0.0391*0.1014 + 0.2789*0.2941 + 0.0920*0.0952

=0.051357 + 0.025576 + 0.0039647 + 0.082024 + 0.008758

=0.171679

Coeficientes de correção para a hemodiálise no local

=0.2703*0.1210 + 0.3197*0.0462 +0.0391*0.0997 + 0.2789*0.2748 + 0.0920*0.1983

=0.032706 + 0.014770 + 0.003898 + 0.076641 + 0.018243

=0.146258

Ponderação para diálise domiciliária diária nocturna

=0.2703*0.4579 + 0.3197*0.0601 +0.0391*0.1614 + 0.2789*0.1200 + 0.0920*0.0736

=0.123770 + 0.019213 + 0.006310 + 0.033468 + 0.006771

=0.189532

Ponderação para diálise peritoneal intermitente

=0.2703*0.0365 + 0.3197*0.1545 +0.0391*0.0339 + 0.2789*0.1213 + 0.0920*0.0291

=0.009865 + 0.049393 + 0.001325 + 0.033830 + 0.002677

=0.09709

Ponderação para diálise peritoneal cíclica contínua

=0.2703*0.0611 + 0.3197*0.2858 + 0.0391*0.1231 + 0.2789*0.1486 + 0.0920*0.1356

=0.016515 + 0.091370 + 0.004813 + 0.041444 + 0.012475

0.166617

Ponderação para diálise peritoneal ambulatória contínua

=0.2703*0.1334 + 0.3197*0.3738 + 0.0391*0.4803 + 0.2789*0.0411 + 0.0920*0.4681

=0.036058 + 0.11950 + 0.017290 + 0.018779 + 0.011462 +0.043065

=0.246154

A partir da ponderação calculada acima, os vários tipos de diálise podem ser classificados na seguinte ordem, como indicado no quadro 26.

Tabela 26: Classificação dos sistemas de diálise com base no AHP

| Tipo de sistema de diálise | Ponderação | Classificação |
|---|---|---|
| Diálise peritoneal ambulatória contínua (CAPD) | 0.246154 | 1 |
| Diálise nocturna diária em casa (NHDD) | 0.189532 | 2 |
| Hemodiálise no centro (In-centre HD) | 0.171679 | 3 |
| Diálise peritoneal cíclica contínua (CCPD) | 0.166617 | 4 |
| Hemodiálise no local (Onsite HD) | 0.146258 | 5 |
| Diálise peritoneal intermitente (DPI) | 0.097090 | 6 |

7.14 Função de qualidade Implantação do sistema de diálise:

O Quality Function Deployment (QFD) é uma ferramenta de comunicação essencial utilizada em sistemas complexos em que existem prioridades contraditórias dos utilizadores e múltiplas soluções viáveis. O QFD é utilizado para identificar as necessidades de um utilizador. Ao aplicar o QFD numa série de etapas no desenvolvimento do sistema de diálise, chegou-se às seguintes fases:

Necessidades do doente para atributos clínicos

Atributos clínicos para o sistema de diálise

Sistema de diálise para áreas do subsistema de diálise

Subsistema de diálise para componentes individuais de diálise.

Ao analisar vários sistemas de diálise com base nos requisitos dos clientes em relação aos requisitos técnicos, utilizando a opinião de peritos, observou-se que os métodos de diálise mais aceites são a hemodiálise domiciliária nocturna e a CAPD, como mostra a Figura 41 na página seguinte.

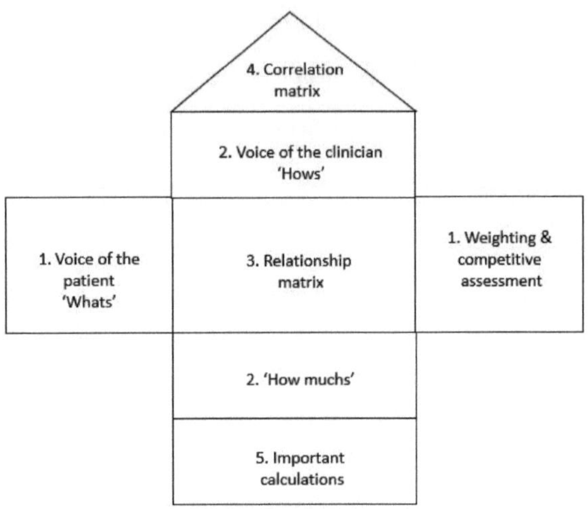


Figura 40: Casa da Qualidade utilizada no QFD (Fonte: Adaptado de Ernest H. Forman, 2001)

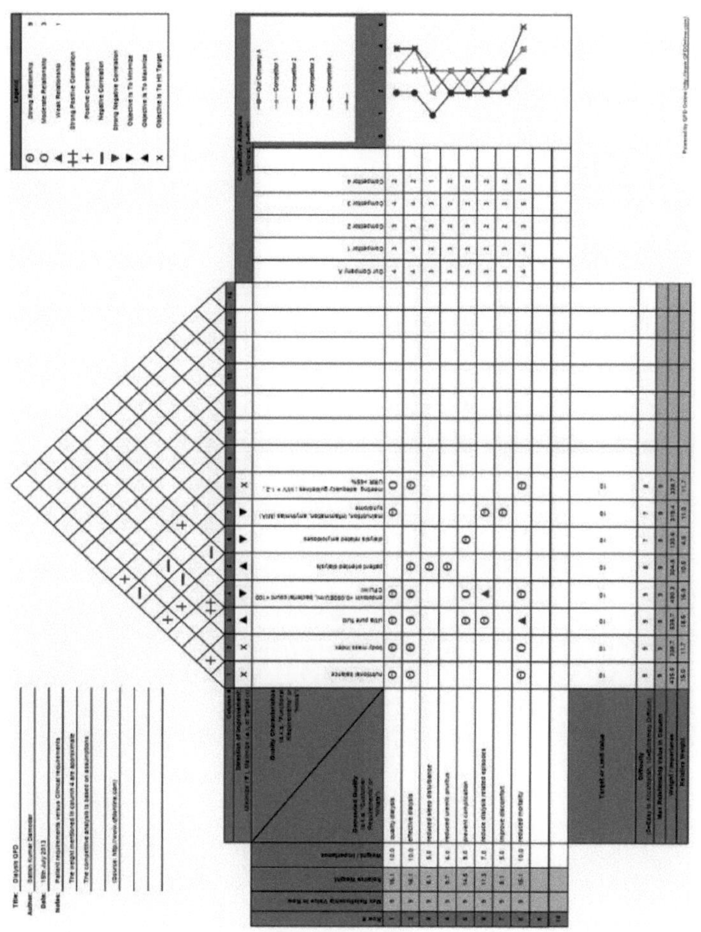

Figura 41: Desdobramento da Função Qualidade com interface entre os requisitos do paciente e os requisitos clínicos (Fonte: Adaptado de QFD Online 2007)

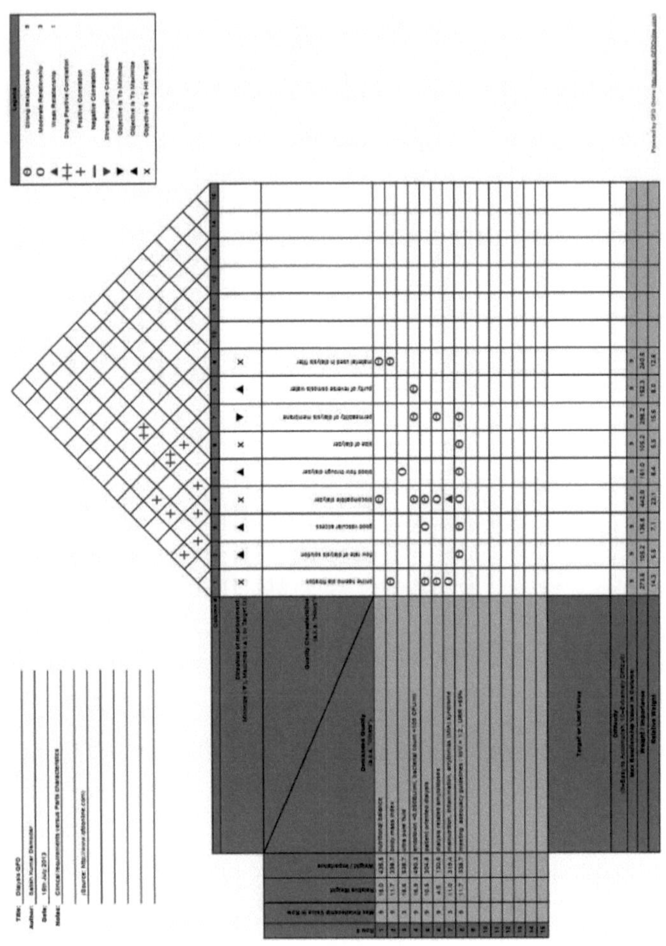

Figura 42: Implantação com interface entre os requisitos clínicos e as características das peças (Fonte: Adaptado de QFD Online 2007)

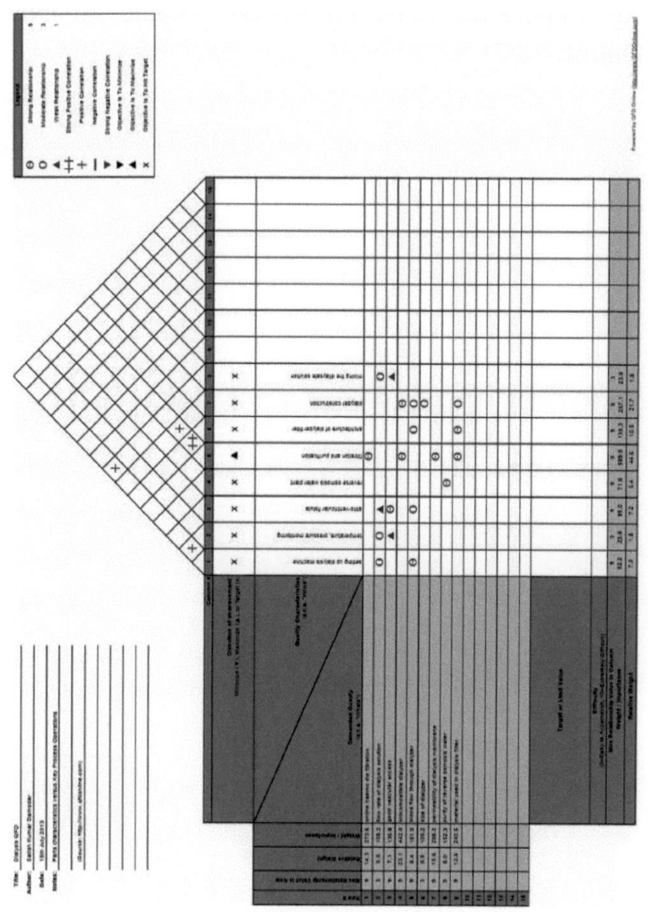

Figura 43: Implantação de interface entre as características das peças e as operações-chave do processo (Fonte: Adaptado de QFD Online 2007)

De acordo com Clausing (1994, 68), uma Casa da Qualidade típica tem cinco casas, como mostra a Figura 40 na página anterior. As necessidades dos doentes são traduzidas em requisitos de conceção do sistema. Os requisitos de conceção do sistema de diálise são traduzidos em requisitos do subsistema de diálise e, subsequentemente, em especificações das peças de diálise. A especificação das peças de diálise é traduzida em requisitos do processo de produção de diálise e, por fim, em requisitos de funcionamento da produção de diálise (Clausing, 1994).

A Implementação da Função Qualidade para um novo sistema de diálise começa com os requisitos do doente que são traduzidos em requisitos clínicos (os requisitos do médico). Para um fabricante de um sistema de diálise, existem dois clientes - o cliente direto, que é um médico, e um cliente indireto (cliente), que é o doente. Por conseguinte, consideramos primeiro os requisitos do doente, correlacionamos com os requisitos clínicos antes de passarmos aos requisitos de conceção (Figuras 41, 42 e

43). Uma vez congeladas as concepções, a fase seguinte é o planeamento do processo e depois o planeamento das operações.

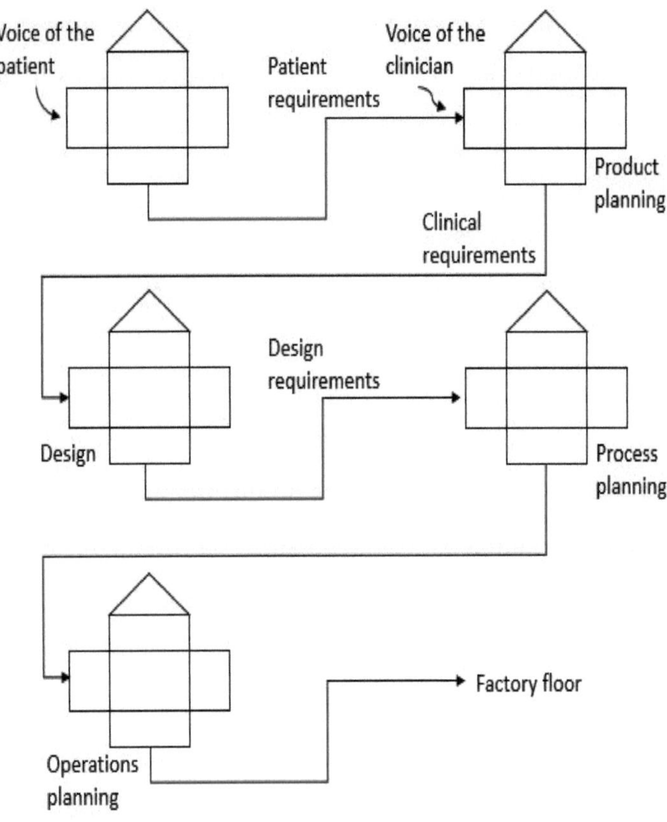

Figura 44: Casa do QFD ligada aos requisitos (Adaptado de Clausing, 1994)

# 8.0 ANÁLISE FUNCIONAL DE UM SISTEMA DE DIÁLISE NO LOCAL

## 8.1 Introdução

De acordo com o Systems Engineering Fundamentals Guide 2001, o processo de engenharia de sistemas transforma os requisitos derivados da análise de requisitos em funções do sistema para realizar a atividade de síntese da conceção (DoD, 2001). O projetista de um sistema de diálise no local organiza a função de uma forma sequencial lógica, decompondo-a de uma função de nível superior para uma função de nível inferior, utilizando ferramentas e técnicas de engenharia de sistemas, o que resulta na descrição do sistema de diálise no local em termos da função que o sistema pode desempenhar e dos parâmetros de desempenho.

As ferramentas e técnicas utilizadas são:

- Diagrama de blocos de fluxo

-Análise do calendário

Os critérios para a desagregação do sistema são os seguintes:

i). Definir o sistema de diálise móvel em termos funcionais, - "efetuar a diálise num local desejado pelo doente".

ii). Identificar a forma como a diálise deve ser efectuada à porta do doente

iii). Identificar e definir todas as funções e agrupá-las

iv). Incorporação dos componentes do sistema de diálise no local na análise e atribuição

v). Análise das funções do ciclo de vida do sistema de diálise móvel

vi). Realização de estudos comerciais e avaliação de alternativas que melhor se adaptem aos requisitos do sistema de diálise móvel

vii). Análise das necessidades

A função de nível superior é dividida em subfunções:

- Comunicar com o doente para organizar a diálise
- Preparar o equipamento
- Carregamento do equipamento e dos consumíveis para diálise
- Viajar para o destino desejado

- Controlos pré-diálise no local do doente
- Realização da diálise
- Controlos pós-diálise
- Limpeza e esterilização do equipamento de diálise
- Eliminação segura de resíduos médicos e outros resíduos
- Planeamento para o próximo doente

A decomposição funcional e a arquitetura funcional de um sistema de diálise no local são apresentadas nas Figuras 45 e 46, respetivamente.
A estrutura de repartição funcional, que descreve a repartição da missão em várias funções e a posterior repartição das funções em várias tarefas, está representada na Figura 47.

A relação entre a arquitetura funcional e a arquitetura física do novo sistema de diálise está representada na Figura 48.

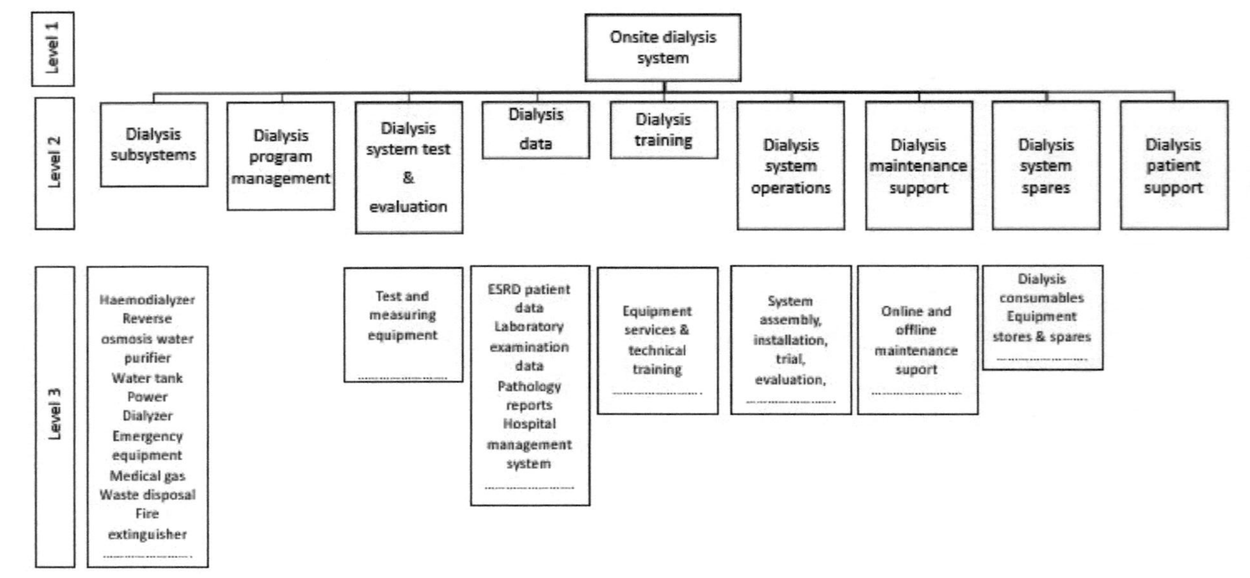


Figura 45: Decomposição funcional de um sistema de diálise no local

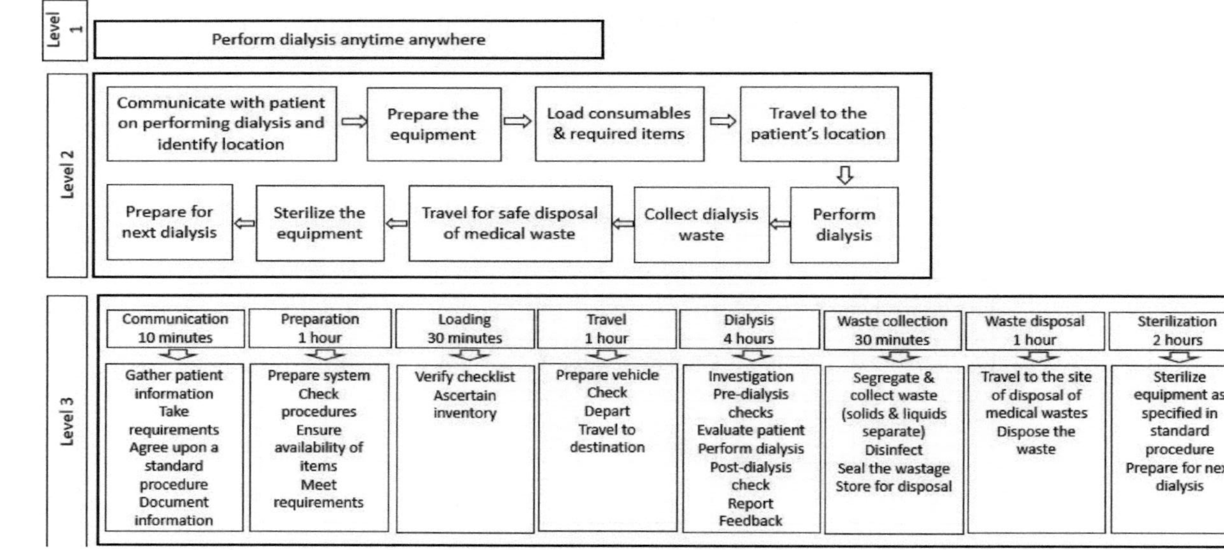


Figura 46: Arquitetura funcional de um sistema de diálise no local

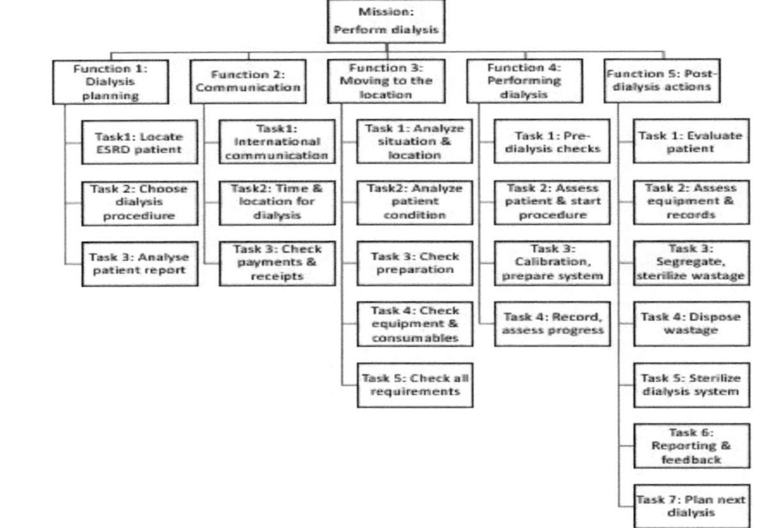


Figura 47: Estrutura de decomposição funcional de um sistema de diálise no local

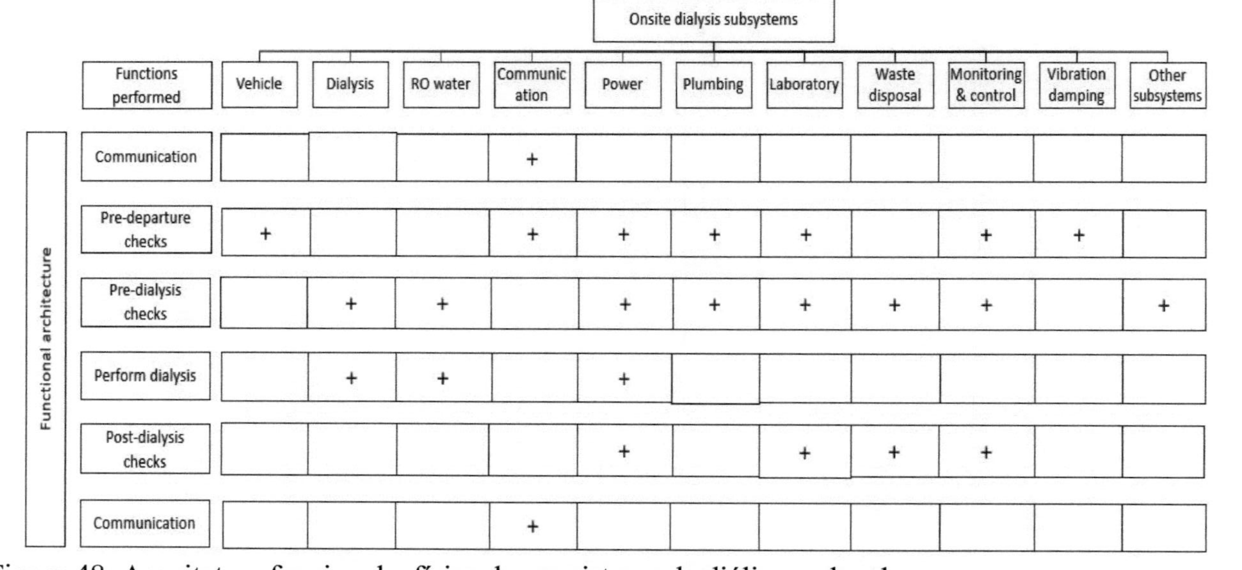


| Functions performed | Vehicle | Dialysis | RO water | Communic ation | Power | Plumbing | Laboratory | Waste disposal | Monitoring & control | Vibration damping | Other subsystems |
|---|---|---|---|---|---|---|---|---|---|---|---|
| Communication | | | | + | | | | | | | |
| Pre-departure checks | + | | | + | + | + | + | | + | + | |
| Pre-dialysis checks | | + | + | | + | + | + | + | + | | + |
| Perform dialysis | | + | + | | + | | | | | | |
| Post-dialysis checks | | | | | + | | + | + | + | | |
| Communication | | | | + | | | | | | | |

Figura 48: Arquitetura funcional e física de um sistema de diálise no local

## 8.2 Diagrama de blocos do fluxo funcional:

O diagrama de blocos de fluxo funcional representa o fluxo de inter-relações e a sequência de funções através de um diagrama de fluxo. Os diagramas iniciais não incluem a afetação funcional. Os pormenores são acrescentados à medida que a conceção avança (FAA 2008).

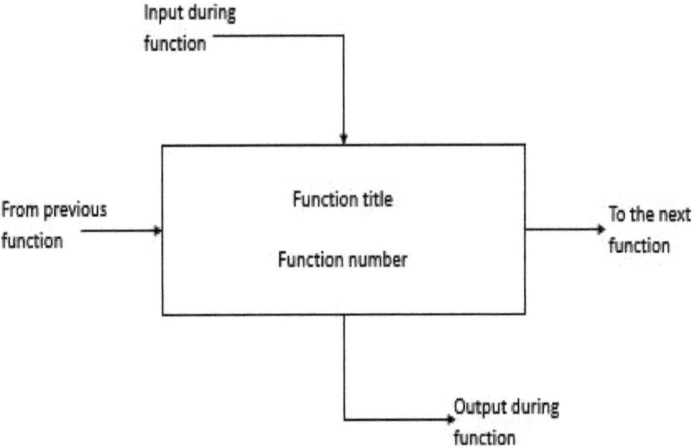


Figura 49: Diagrama de fluxo funcional (Fonte: FAA Human Factors Awareness Web Course, 2008)

O diagrama de blocos funcionais de um sistema de diálise no local é apresentado na Figura 50. O diagrama de blocos funcionais de um subsistema de diálise no local é apresentado nas figuras 51 e seguintes (Guia SEF 01, 2001).

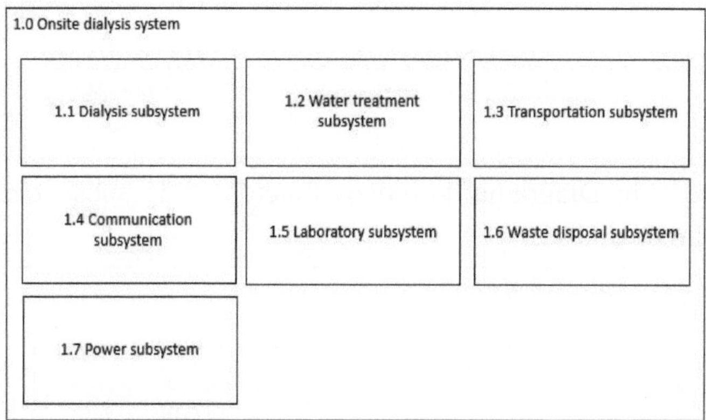


Figura 50: Diagrama de blocos funcionais de um sistema de diálise no local

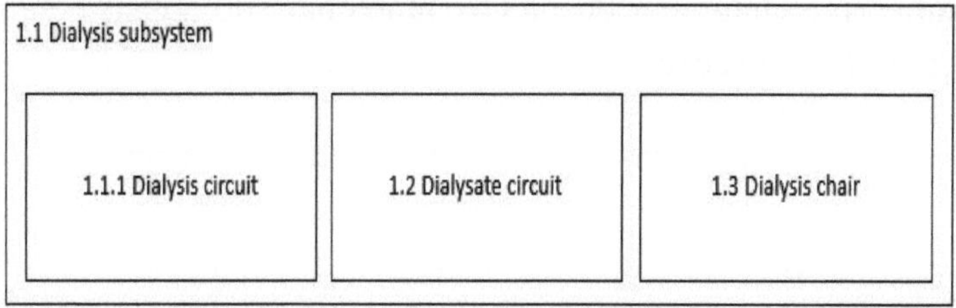


Figura 51a: Diagrama de blocos funcionais de um subsistema de diálise no local

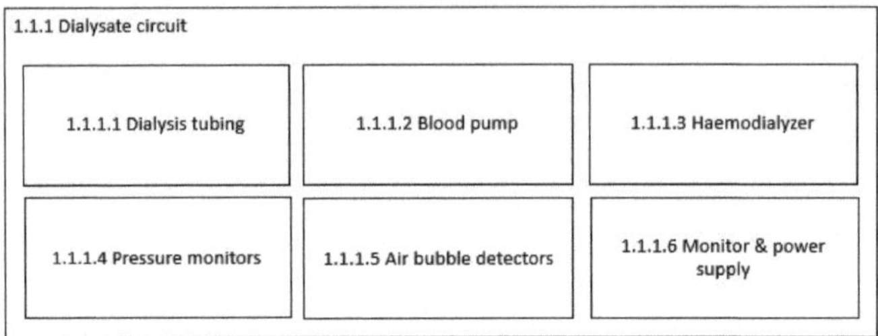


Figura 51b: Diagrama de blocos funcionais do subsistema do circuito de diálise

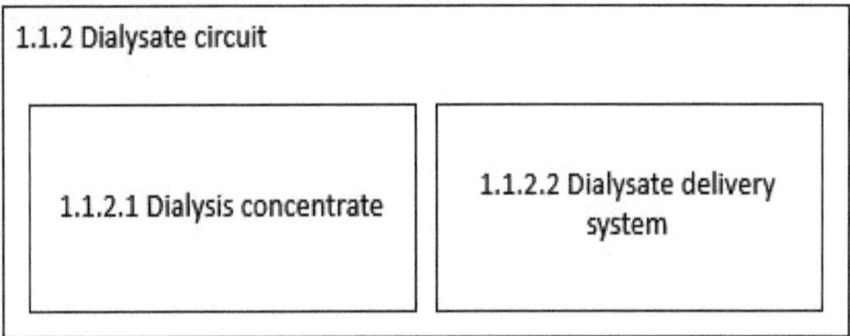


Figura 51c: Diagrama de blocos funcionais do subsistema do circuito de dialisação

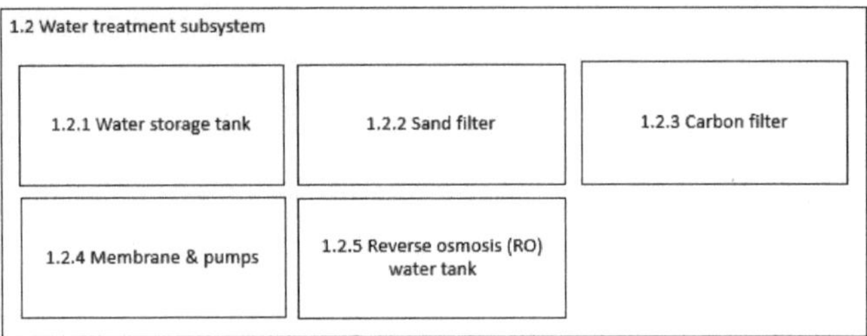


Figura 51d: Diagrama de blocos funcionais do subsistema de tratamento de água

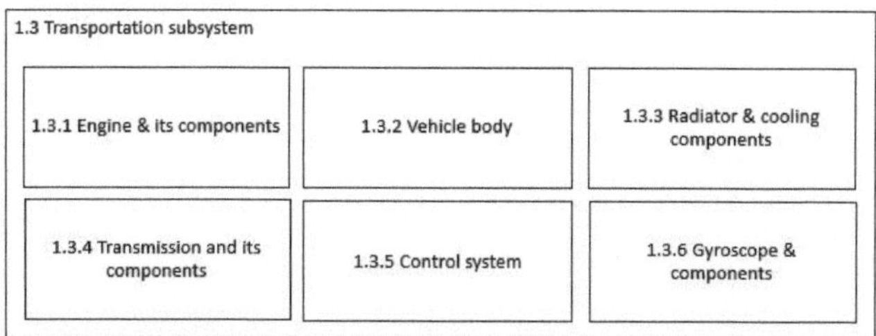


Figura 51e: Diagrama de blocos funcionais do subsistema "transportes

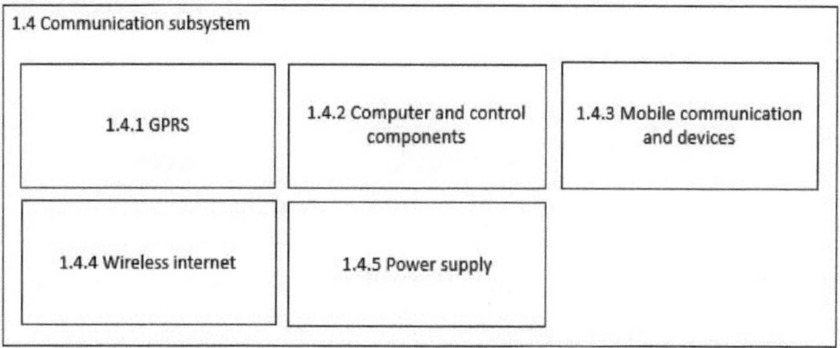


Figura 51f: Diagrama de blocos funcionais do subsistema "comunicação e informação

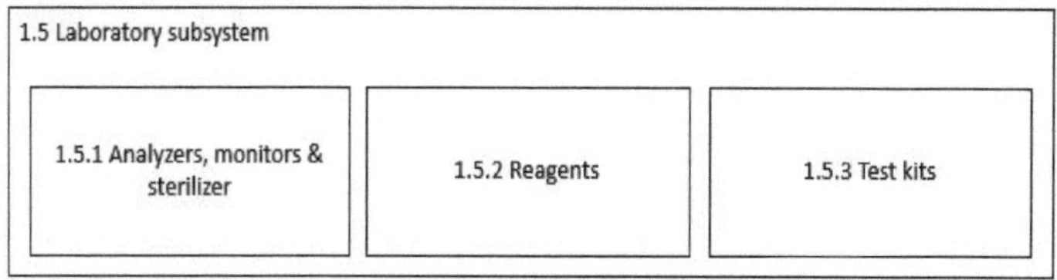


Figura 51g: Diagrama de blocos funcionais do subsistema "laboratório de patologia

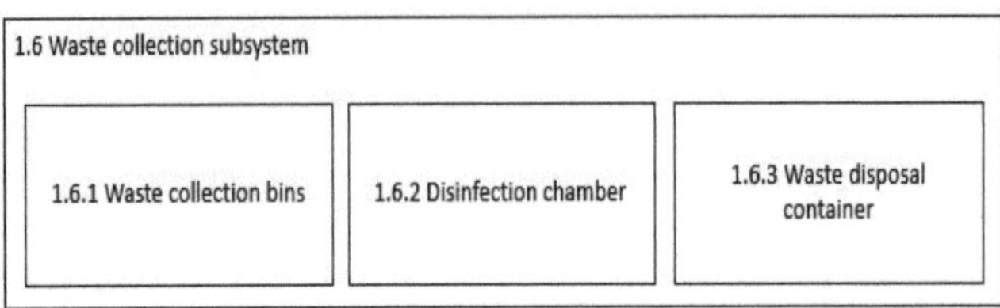


Figura 51h: Diagrama de blocos funcionais do subsistema "eliminação da água

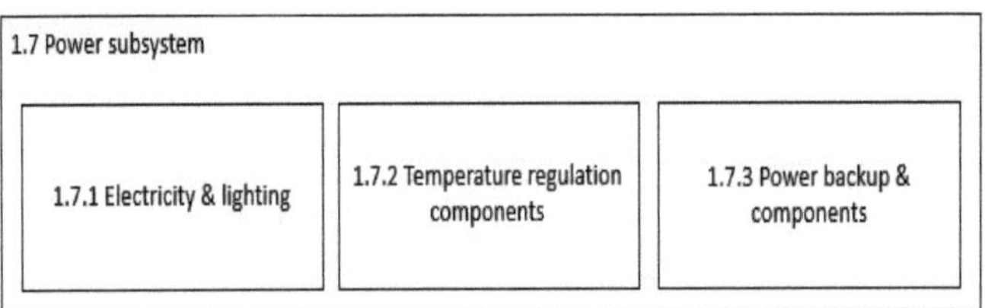


Figura 51i: Diagrama de blocos funcionais do subsistema "eletricidade e potência

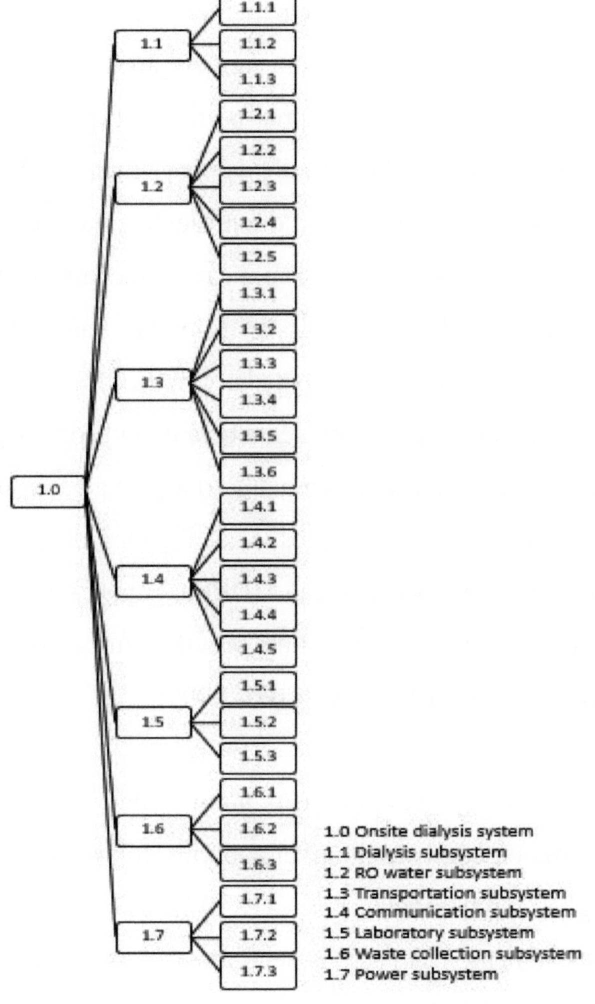


Figura 52: Diagrama de fluxo funcional do sistema e subsistemas de diálise no local

## 8.3 Definição de integração para modelação funcional (IDEF0)

A definição de integração para modelação de funções, também conhecida por IDEF0, é uma norma para a modelação de sistemas. O modelo IDEF0 utiliza dois elementos básicos:

- Uma caixa retangular que representa uma função e
- Uma seta que representa um canal ou conduta aberta

As setas são de quatro tipos: Entrada, Saída, Controlo e Comunicação, também designadas por ICOMs da função. O lado esquerdo da caixa representa uma entrada da função; o lado direito representa a saída, enquanto o topo e a base representam os controlos, os mecanismos e as funções de comunicação, respetivamente. Na notação IDEF0, uma seta de junção representa o agrupamento e uma seta de bifurcação representa a ramificação. (Dickerson & Mavris 2009).

O IDEF0 é representado pelo número de página A0 para o diagrama de contexto de nível superior do sistema. O segundo nível é representado por A1, A2, A3 e A4, e assim sucessivamente nas páginas seguintes. O A1 é subdividido em A11, A12, A13 e A14, e assim por diante. As subfunções de A11 são subdivididas em níveis inferiores A111, A112, A113 e A114, etc.

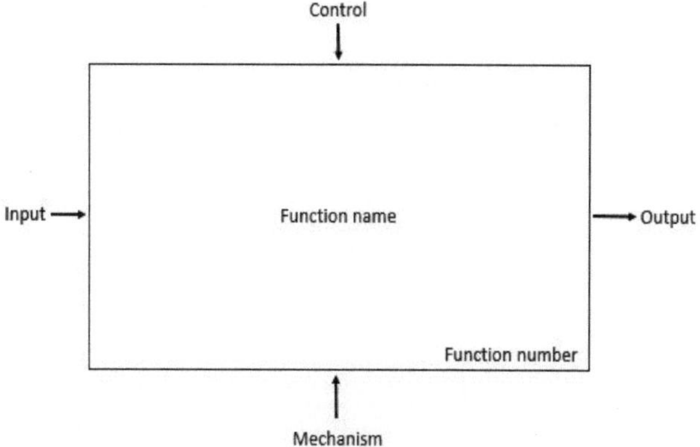


Figura 53: Formato da caixa IDEF0 (Fonte: Systems Engineering Fundamentals 01, 2001)

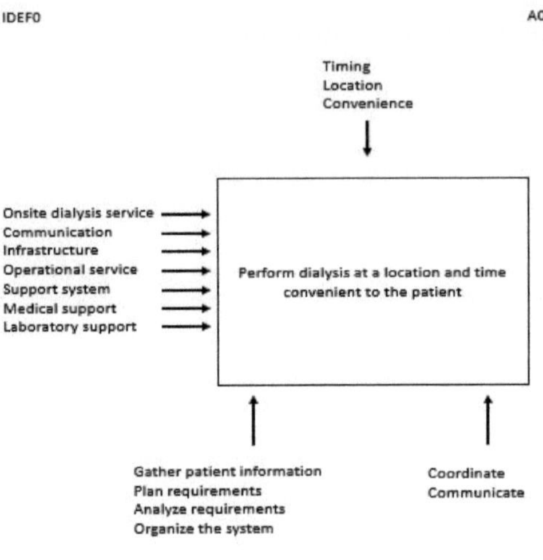


Figura 54: IDEF0 Nível 1 (Fonte: Adaptado de Dickerson & Mavris, 2009)

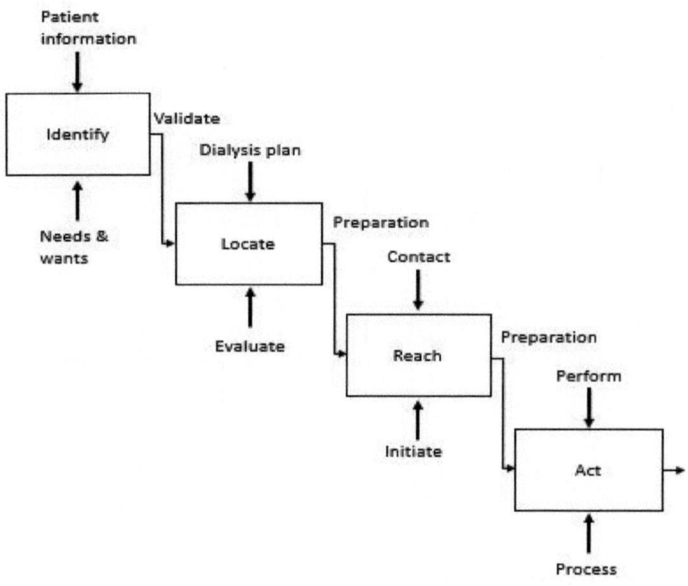


Figura 55: IDEF0 Nível 2
(Fonte: Adaptado de Dickerson & Mavris, 2009)

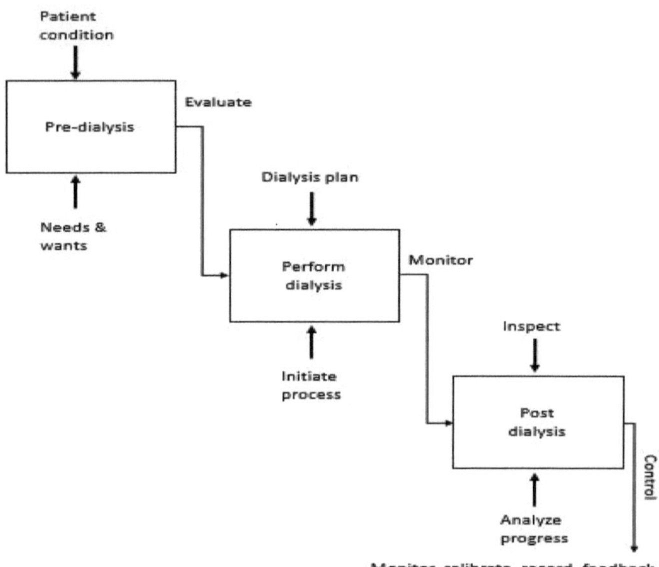


Figura 56: IDEF0 Nível 3
(Fonte: Adaptado de Dickerson & Mavris, 2009)

## 8.4 Análise do calendário

A análise da cronologia refere-se a "funções críticas em termos de tempo que afectam a disponibilidade do sistema, o tempo de funcionamento e o tempo de paragem para manutenção, com o objetivo de identificar os requisitos específicos relacionados com o tempo. A análise da cronologia destaca as relações, a simultaneidade e a sobreposição de tarefas" (Guia SEF 2001).

## 9. 0SÍNTESE DO PROJECTO DE UM SISTEMA DE DIÁLISE NO LOCAL

### 9.1 Introdução:

A síntese da conceção é a tarefa de "obter configurações viáveis do sistema e inclui elementos físicos e não físicos do sistema" (Hazelrigg, 1996).

A síntese da conceção é o processo de desenvolvimento de conceitos com recurso à descrição funcional. A síntese da conceção combina "os elementos de software e de hardware do sistema para obter uma solução de conceção, satisfazendo assim os requisitos do sistema" (Guia SEF 2001).

Entradas : Arquitetura funcional de um sítio sistema de diálise

Facilitadores : Equipa de Produto Integrada, Modelos de Um sistema de diálise no local, Base de dados e ferramentas de conceção do sistema de diálise no local

| | sistema |
|---|---|
| Produção | Arquitetura física, base de dados de decisões de um sistema de diálise no local, |

Estudos comerciais revelam que a arquitetura física e a arquitetura funcional de um sistema de diálise no local estão correlacionadas.

9.2 Circuito de conceção:

O ciclo de conceção liga a arquitetura física de um sistema de diálise no local à sua arquitetura funcional. Uma vez criada a arquitetura física de um sistema de diálise no local, o passo seguinte seria efetuar a verificação de modo a garantir que a arquitetura física cumpre os requisitos.

9.3 Ferramentas utilizadas na síntese de projectos:

Os modelos de um sistema de diálise no local são desenvolvidos utilizando o desenho assistido por computador (CAD), em que a computação gráfica substitui os desenhos tradicionais de engenharia. O protótipo do sistema de diálise no local é desenvolvido depois de os CAD serem refinados e analisados. Uma estação de trabalho CAD inclui terminais gráficos com dispositivos de entrada, como uma caneta ótica, uma mesa digitalizadora e um teclado, ligados a um computador com software CAD e a um dispositivo periférico. O sistema CAD poupa tempo e esforço e cria modelos inteiramente novos de sistemas de diálise no local e modulares. A engenharia assistida por computador (CAE) ajuda na análise dos requisitos e nos estudos comerciais relacionados com todas as funções ao longo do diagrama em V de um sistema. O CAE permite a automatização da gestão da engenharia e a documentação dos processos de fabrico.

# 10. 0FICHA DE DESCRIÇÃO DO CONCEITO DE UM SISTEMA DE DIÁLISE NO LOCAL

Uma ficha de descrição concetual do sistema de diálise no local descreve a forma como um sistema de diálise no local será integrado noutros sistemas para satisfazer as suas necessidades funcionais e de desempenho.

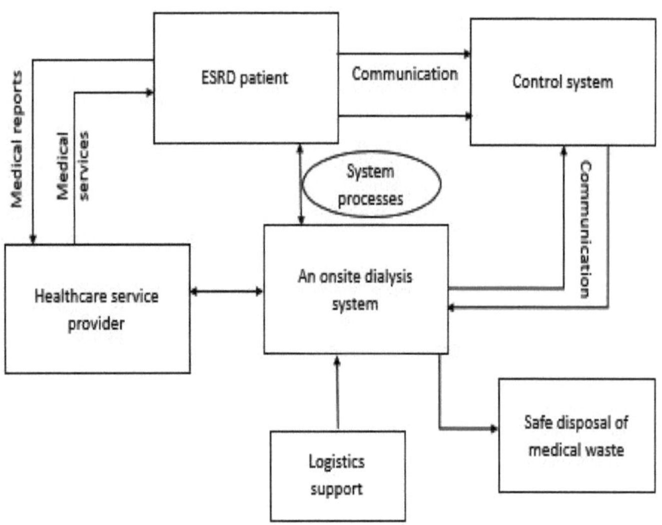


Figura 57: Ficha de descrição concetual de um sistema de diálise no local

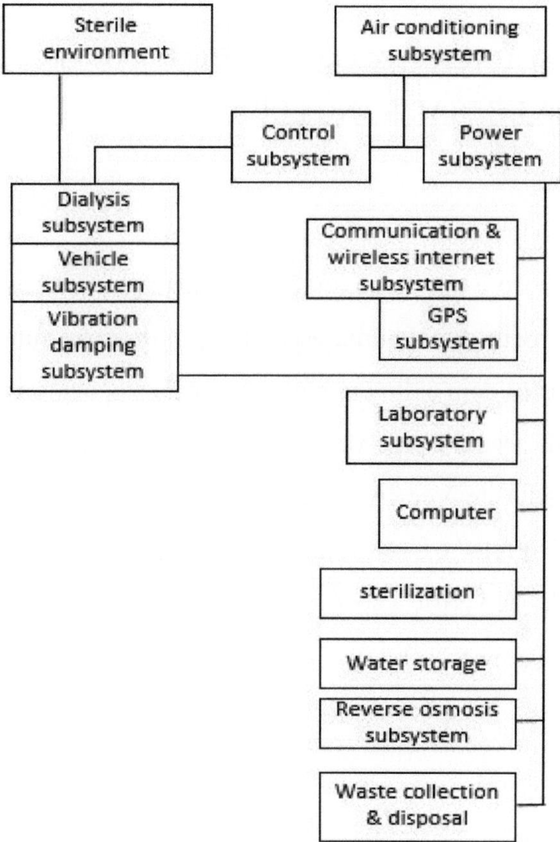


Figura 58: Diagrama de blocos esquemático de um sistema de diálise no local

# 11.0VERIFICAÇÃO AO LONGO DO CICLO DE VIDA DO SISTEMA DE DIÁLISE NO LOCAL

## 11.1 Introdução:

A verificação é um processo de documentação que garante que todos os requisitos de uma especificação de nível superior são decompostos com êxito em requisitos mais pequenos a um nível inferior da árvore e vice-versa. A verificação tem lugar ao longo do diagrama de Vee. A verificação refere-se à construção do modelo "correto" e a validação refere-se à construção do modelo "correto". A verificação é o teste de consistência do modelo (Sage & Rouse 1999).

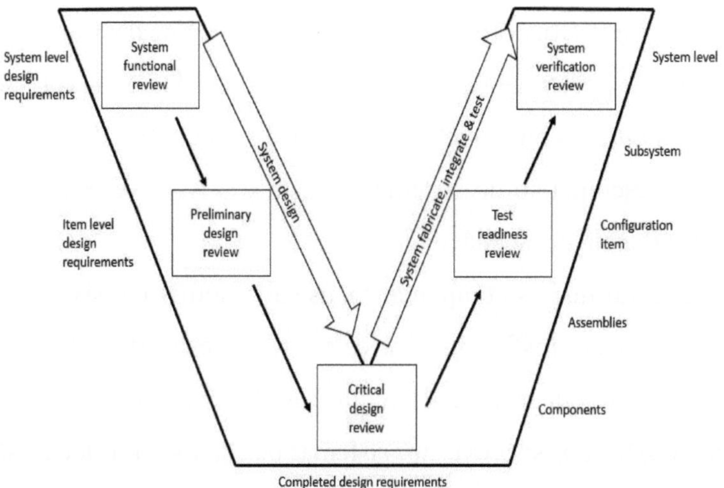


Figura 59: Engenharia e verificação de sistemas (Fonte: Systems engineering fundamentals guide 01, 2001)

"A verificação é o processo de determinar que a implementação do sistema de diálise no local representa a descrição concetual e as especificações do programador. A verificação confirma que a síntese da conceção resultou na arquitetura física do sistema de diálise no local que satisfaz os requisitos do sistema" (Guia SEF 01, 2001).

11.2 Objectivos da verificação:

Os objectivos da verificação são os seguintes

- Efetuar a verificação ao longo do diagrama Vee da arquitetura física do sistema de diálise móvel, desde o nível dos componentes até ao nível superior do sistema, a fim de garantir que o desempenho do sistema, o custo e o risco se encontram dentro dos níveis aceitáveis.
- Assegurar que os componentes, os subsistemas e o sistema de diálise móvel satisfazem todos os requisitos especificados.
- Assegurar que a lista de requisitos do sistema e a lista de verificação do sistema no sistema de diálise no local são congruentes entre si.

## 11.3 Actividades de verificação:

As actividades de verificação realizadas ao longo do sistema de diálise no local são a análise, a inspeção, a demonstração e o ensaio.

*Análise:*

A análise é um método económico de verificação em que são criados, simulados e testados modelos de um sistema de diálise no local.

*Inspeção:*

A inspeção é o processo de exame físico em que os componentes, subsistemas e o sistema de diálise no local são examinados através dos sentidos.

*Demonstração:*

A demonstração é um processo de avaliação da capacidade ou do desempenho do sistema de diálise no local, do subsistema ou dos seus componentes.

*Teste:*

O teste é a avaliação de um componente, subsistema ou sistema de diálise móvel para verificar se o sistema funciona de acordo com as expectativas do utilizador. O teste é um processo de análise pormenorizada da capacidade do sistema.

A atividade de verificação é uma abordagem ascendente em que os componentes do sistema de diálise no local são fabricados e ensaiados para formar o subsistema. Os subsistemas individuais são posteriormente montados e ensaiados para formar o sistema de diálise no local. A verificação centra-se nos requisitos de conceção e nos componentes durante a fase inicial de desenvolvimento do sistema, ao passo que, durante as fases finais de desenvolvimento do sistema, a atividade de verificação se centra no cumprimento e satisfação dos requisitos do cliente.

11.4 Ensaios e avaliação:

O planeamento dos ensaios envolve pormenores de informação/dados a recolher relativamente ao desempenho do veículo, ao sistema de purificação de água, ao dialisador, ao ambiente sem vibrações, à qualidade da iluminação e do ar no interior da câmara de diálise, ao ar condicionado na câmara de diálise e na cabina do veículo, etc., e é coordenado pelo Grupo de Planeamento de Ensaios de Diálise Móvel/Equipa de Planeamento de Ensaios Integrados.

11.5 Plano Diretor e de Avaliação de Ensaios (TEMP):

A Avaliação de Testes e o Plano Diretor é uma ferramenta de verificação utilizada para avaliar o desempenho do sistema de diálise no local ao longo do ciclo de vida, que mais tarde se torna o Documento de Requisitos Operacionais de diálise no local

O TEMP é um documento preparado durante a fase de definição do conceito do sistema de diálise no local, e inclui:

Introdução ao sistema

Programa de testes de integração de sistemas

Teste e avaliação do desenvolvimento do sistema

Teste e avaliação operacional do sistema

Recursos de teste e avaliação de sistemas

## 12.0 GESTÃO DA CONFIGURAÇÃO, GESTÃO DAS INTERFACES E CONTROLO DAS ALTERAÇÕES

12.1 Gestão da configuração da diálise:

A gestão da configuração da diálise é um processo de engenharia de sistemas que visa estabelecer e manter a consistência do desempenho do sistema de diálise. "Os atributos funcionais e físicos do sistema de diálise estão dentro dos requisitos, concepções e informações operacionais ao longo da vida do sistema" (MIL-HDBK-61A 2001, ANSI/ELA 2011). A gestão da configuração é um documento técnico cujo objetivo é controlar as alterações a um sistema de grandes dimensões através das funções de identificação dos componentes, acompanhamento das alterações, seleção da versão e da linha de base e gestão de actualizações simultâneas (trabalho de equipa) (Tichy, 1988).

No caso do novo sistema de diálise, a gestão da configuração da diálise verifica se o sistema de diálise funciona como esperado pelos clientes/operadores. A gestão da configuração da diálise pode ser aplicada ao longo do ciclo de vida do sistema de diálise para melhorar o desempenho e a fiabilidade, reduzir os custos e os riscos. A gestão da configuração da diálise centra-se na manutenção das relações funcionais entre os componentes, os subsistemas e o sistema de diálise móvel, a fim de gerir eficazmente a mudança (SEF 2001). A gestão da configuração da diálise assegura que as alterações introduzidas no sistema de diálise são documentadas de forma exacta e consistente e que as alterações são respeitadas para garantir a integridade do novo sistema de diálise.

Para realizar o processo normalizado de mudança de diálise, a gestão da mudança de diálise utiliza cinco fases de procedimentos (MIL-HDBK-61A 2001, ANSI/ELA 2011), que são as seguintes

Planeamento e gestão da configuração da diálise: Um documento que inclui processos, procedimentos e ferramentas do sistema de diálise e inclui recursos organizacionais e requisitos de diálise, responsabilidades, estado da configuração da diálise, controlo da configuração, auditorias e revisões.

Identificação da configuração da diálise: A identificação da configuração da diálise refere-se a um componente, subsistema ou sistema de diálise em que as alterações identificadas são documentadas e acompanhadas ao longo do ciclo de vida do sistema.

Controlo da configuração da diálise: É o processo de controlo das alterações à conceção do sistema de diálise e inclui pedidos de alteração, propostas de alteração, aprovações e desaprovações de alterações.

Registo do estado de configuração da diálise: Trata-se de um processo de registo e comunicação dos elementos de configuração ao longo do ciclo de vida dos sistemas de diálise.

Verificação e auditoria da configuração da diálise: É um método de avaliação da conformidade do subsistema de diálise com as normas de desempenho previstas antes de ser aceite na arquitetura dos sistemas de diálise.

## 12.2 Gestão da interface de diálise:

Uma interface é "uma caraterística funcional, física, eléctrica, hidráulica, eletrónica, pneumática, de software, ótica ou semelhante que actua como um limite comum entre dois ou mais sistemas, subsistemas ou componentes" (DoD 2001). A gestão da interface de diálise refere-se a actividades que incluem a definição, o controlo e a comunicação das informações necessárias para permitir o funcionamento conjunto de partes não relacionadas do sistema de diálise. As interfaces do sistema de diálise são definidas e controladas para obter eficiência no sistema ao longo do ciclo de vida dos sistemas de diálise (guia de engenharia de sistemas). A compatibilidade dos componentes no subsistema de diálise no local é conseguida pela equipa de controlo da interface de diálise no local utilizando a documentação de controlo da interface de diálise. A utilização de normas de interface de sistema aberto aumenta a interoperabilidade e a conceção modular do sistema de diálise.

## 12.3 Controlo da mudança de diálise:

O controlo das alterações em diálise é definido como um processo que garante que as alterações introduzidas no sistema de diálise são realizadas de forma controlada ao longo do ciclo de vida dos sistemas de diálise.

O controlo de alterações na diálise envolve

- identificação do objetivo da mudança
- avaliar os efeitos posteriores da mudança através da análise de risco, matriz de probabilidade-impacto
- analisar e decidir sobre a mudança, envolvendo as partes interessadas no processo de diálise; e
- documentação da alteração no formato de controlo de alterações
- acompanhar e dar feedback às partes interessadas sobre a situação

# 13.0 GESTÃO DE RISCOS

## 13.1 Gestão do risco:

O risco é definido como "uma medida da probabilidade e da gravidade dos efeitos adversos" (Lowrance, 1976). No desenvolvimento de um sistema de diálise no local, podem ocorrer acontecimentos imprevisíveis ao longo do ciclo de vida do sistema, principalmente devido ao facto de o conceito ser novo e não estar totalmente testado. Os riscos podem ocorrer para as partes interessadas, para o sistema ou para o ambiente em que o sistema de diálise no local funciona. O risco é elevado durante as fases iniciais de desenvolvimento e diminui à medida que o desenvolvimento do sistema de diálise no local progride ao longo do ciclo de vida do sistema. A gestão dos riscos é definida como o processo contínuo de planeamento, avaliação, tratamento, monitorização e comunicação dos riscos.

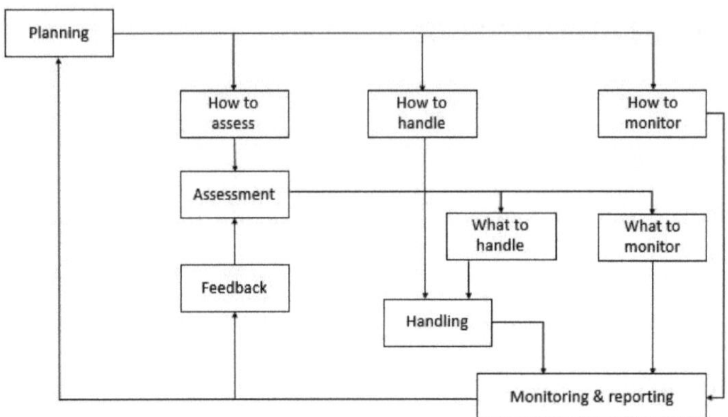


Figura 60: Gestão do risco, controlo e feedback (Fonte: Guia SEF 2001)

O risco é "a compreensão do nível de ameaça de um problema potencial" (Guia SEF 2001). O risco pode dever-se ao produto, ao processo e à tecnologia. A gestão do risco é um processo que envolve o planeamento do risco, a avaliação do risco, o tratamento do risco, a monitorização do risco e a elaboração de relatórios.

O planeamento dos riscos implica a identificação de todas as incertezas e a sua transformação em riscos, a quantificação e a estimativa da probabilidade de ocorrência de cada um desses riscos e a sua categorização com base no grau de impacto de cada um desses riscos numa escala mensurável.

Tabela 27: Matriz probabilidade-impacto do risco

| Probability ↑ | Impact → | | | | |
|---|---|---|---|---|---|
| | Insignificant 1 | Marginal 2 | Moderate 3 | Critical 4 | Catastrophic 5 |
| Definite 5 | | Loss of libido | Clotting<br>Anxiety | Infection<br>Depression | |
| Likely 4 | Itching | Muscle cramps<br>Insomnia | Anaemia<br>Depression<br>Hypotension<br>Amyloidosis | Osteoporosis<br>High BP<br>Pericarditis<br>Aneurysm | Pulmonary oedema<br>Hyperkalemia |
| Occasional 3 | | Restless leg syndrome | | | |
| Seidom 2 | | | | | |
| Unlikely 1 | | | | | Septicaemia |

(Fonte: Adaptado de Systems engineering management, UCL CSE 2011)

# 14. 0CONCLUSÃO

## 14.1 Discussão:

Este livro destaca a aplicação da engenharia de sistemas com referência à análise dos requisitos de um novo sistema de diálise. Os doentes e os clínicos da Índia foram considerados devido à diversidade e acessibilidade. As necessidades dos doentes em vários estratos da sociedade são diferentes devido a factores demográficos, económicos, socioculturais e padrões de doença. O jornal Times of India, de 15 de março de 2013, referiu que mais de 10% da população indiana sofre de doenças renais crónicas e que se espera que este número aumente. De acordo com o Dr. Bharat Shah, nefrologista do Global Hospital, "cerca de 300 000 a 400 000 pessoas na Índia necessitam de um transplante de rim todos os anos, mas apenas 1% consegue efetivamente um transplante de rim bem sucedido" (The Times of India, março de 2013).

## 14.2 Análise das partes interessadas:

Os principais intervenientes no sistema - técnicos de diálise, enfermeiros de diálise, doentes com DRT, nefrologistas, cirurgiões vasculares e nutricionistas - foram identificados, foram organizadas reuniões e foram efectuadas entrevistas aprofundadas. Todos os hospitais/centros de diálise inquiridos não dispunham de um assistente social. Além disso, quase 90% dos doentes inquiridos (20/22 doentes) não dispunham de seguro de saúde. Estes doentes foram submetidos a tratamentos de diálise a preços subsidiados nos hospitais públicos ou em centros de diálise geridos por instituições de solidariedade social. Por conseguinte, a capacidade de pagamento (acessibilidade económica) também desempenhou um papel importante na continuação do tratamento.

Embora a hemodiálise seja ainda classificada como Terapia de Substituição Renal Contínua (CRRT), Diálise Sustentada de Baixa Eficiência (SLED), o estudo teve em conta apenas a hemodiálise no centro, a diálise no local e a diálise nocturna domiciliária diária, uma vez que a CRRT e a SLED não eram predominantes na Índia.

Ao analisar as comparações entre pares do AHP, é interessante notar que a caraterística "acessibilidade económica" teve a mesma ponderação que a "eficácia" ou a "segurança". A caraterística "acessibilidade económica" obteve mais pontos do que a caraterística "conformidade". Este facto pode dever-se a uma necessidade latente de segurança sanitária entre a população geral do país. Se lhes fosse proporcionada segurança sanitária ou seguro médico, a caraterística "acessibilidade económica" teria ficado atrás das características "cumprimento" e "acessibilidade". O resultado da análise AHP classifica o CAPD como o tratamento preferido, uma vez que as partes interessadas consideram que o CAPD é eficaz, seguro e oferece a comodidade da portabilidade. A CAPD é, sem dúvida, a escolha de um doente em diálise, mas existe a possibilidade de os doentes ganharem peso durante o tratamento. Foi também referido que a CAPD provoca a inflamação do peritoneu e, por conseguinte, hérnia e cirurgia. Devido a este facto, o doente deve ser submetido a hemodiálise. A NHDD ocupa a segunda posição no ranking, talvez devido ao facto de esta diálise ser realizada todas as noites durante duas horas em casa. Este método oferece eficácia, segurança, comodidade e a vantagem adicional da poupança de custos, mas, na realidade, a NHDD tem muito poucos adeptos na Índia. A hemodiálise no centro é a terceira escolha, talvez devido ao facto de os intervenientes importantes (nefrologista e outro pessoal hospitalar) estarem disponíveis para responder às necessidades de tratamento dos doentes. A CCPD é a quarta escolha, principalmente devido ao elevado preço do Cycler, que não é fabricado no país.

Um sistema de diálise no local poderia constituir um nicho no segmento do turismo médico para atrair turistas médicos. Esta estratégia foi adoptada pelo Manipal Hospital em Bangalore, que utiliza uma ambulância de diálise com uma única unidade. O sistema utilizado pelo Manipal Hospital inclui um médico de clínica geral, um técnico de diálise e um condutor de carrinha, que leva o doente numa viagem de diálise de quatro horas. No entanto, o segmento do turismo médico pode ser uma diálise de luxo que um doente comum não pode pagar devido aos custos exorbitantes envolvidos.

14.3 Utilização de um sistema de nefrologia especializado:

Para ultrapassar as dificuldades de um especialista em nefrologia, pode ser desenvolvido um sistema pericial para simular os serviços de um nefrologista. O sistema pericial de nefrologia utiliza uma grande base de dados de conhecimentos do domínio relacionados com o diagnóstico e o tratamento da doença renal. Um algoritmo utiliza um motor de interface para chegar a uma decisão de tratamento. O técnico pode introduzir os sintomas no sistema e chegar a uma conclusão. Um sistema pericial baseado em computador é capaz de chegar a uma decisão muito mais rapidamente do que os seres humanos e o conhecimento pode ser atualizado e armazenado numa base contínua. Ao mesmo tempo, o sistema pericial pode não substituir completamente as competências de um nefrologista.

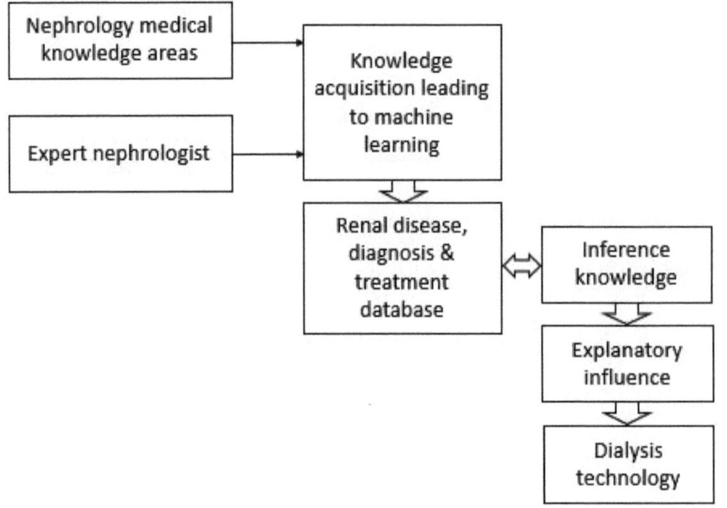


Figura 61: Um sistema pericial (Fonte: Adaptado de Aziz, 2009)

## 14.4 Conclusão:

O AHP pode ser utilizado como uma ferramenta para melhorar as capacidades dos sistemas. Através da pré-determinação dos parâmetros e da definição de parâmetros de referência prescritos, o AHP pode ser utilizado para criar vantagens competitivas através da engenharia inversa. Esta pode ser considerada uma forma eficiente e económica de criar competitividade. Assim, a aplicação da engenharia de sistemas, especialmente o AHP, é uma ferramenta útil para otimizar a eficiência através do cumprimento das normas exigidas.

A casa da qualidade QFD, juntamente com o AHP ao longo do ciclo de vida do sistema, pode ser útil para satisfazer os requisitos de qualidade de todas as partes interessadas e chegar a uma estratégia óptima de engenharia de sistemas que aumente a satisfação do cliente. Este método sugerido seria útil para avaliar os parâmetros de qualidade do sistema de diálise, indo ao encontro de uma "estratégia de diálise orientada para o doente".

Outra área importante de investigação em engenharia de sistemas é o domínio da tecnologia médica, em que os princípios da engenharia de sistemas podem ser combinados com a nanotecnologia para produzir dispositivos médicos em miniatura/micro, como órgãos artificiais biocompatíveis. Um exemplo disto são os rins artificiais e os pulmões artificiais.

# REFERÊNCIAS

Fontes publicadas:

Abel, J. J., Rountree, L. G. & Turner, B. B. (1913). The removal of diffusible substances from the circulating blood by means of dialysis (A remoção de substâncias difusíveis do sangue circulante por meio de diálise). Tn. Assoc. Am. Phys., 28:51

Ahma, S., Robertson, H.T., Golper, T. A. (1990). Multicenter trial of L-Carnitine in maintenance hemodialysis patients. International Journal of Clinical and Biochemical effects. Kidney Int 38:912-918

Alexander, Ian F. (2005). A Taxonomy of Stakeholders: Human Roles in System Development. Jornal Internacional de Tecnologia e Interação Humana (IJTHI), 2005. Vol. 1, 1.pp. 23-59

ANSI/EIA-649B (2011). "Norma de consenso nacional para a gestão da configuração". TechAmerica. 1 de abril de 2011. Acedido em fevereiro de 2013

ANSI/GEIA EIA-632 (2003). Processos de Engenharia de um Sistema. Acedido em novembro de 2012

Asci, G., Ozkahya, M., Duman, S. (2006). Controlo do volume associado a uma melhor função cardíaca em doentes em diálise peritoneal de longa duração. Peritonial Dialysis Int; 26: 85-88

Associação para o Avanço da Instrumentação Médica (2003). Hemodialysis Systems (Sistemas de Hemodiálise). Arlington, EUA

Aslam, N., Bernardini, J., Fried, L., Bur, R. & Piraino, B. (2006). Comparação de complicações infecciosas entre pacientes em hemodiálise e diálise peritoneal. Clinical Journal of American Soc. Nephrol. 1: 1226-1233

Avram, M. M., Sreedhara, R., Fein, P. (2001). Survival on hemodialysis and peritoneal dialysis over 12 years with emphasis on nutritional parameters. American Journal of Kidney Disease, 37: S77-80

Babich (1986). Software Configuration Management: Coordination for Team Productivity. Boston: Addison-Wesley

Bahill, A. Terry, Bentz, B., Dean, Frank F. (1996). Discovering System Requirements. Sandia National Laboratories, Albuquerque, Novo México. julho de

Blagg, C. R., Cole, J. J., Irvine, G., Marr, T., Pollard, T. L. (1972). How much should dialysis cost? In: Freeman, R.B. (ed). Actas do Workshop sobre Diálise e Transplantação, ASAIO, Seattle, WA. Washington DC: Georgetown University Press for the American Society for Artificial Internal Organs, p.54-60

Blanchard & Fabrycky (2006). Engenharia e Análise de Sistemas. A Quarta Edição. Prentice Hall, p. 19

Bregman, H., Daugirdas, J. T. &Ing, T. S. (2001). Complicações durante a hemodiálise, In: Daugirdas, J. T., Blake, P. G., Ing, T. S., eds. Handbook of Dialysis, 3ª ed. Philadelphia: Lippincott Williams & Wilkins, p. 148-168

Bremer, B. A., McCauley, C. R., Wrona, R. M., Johnson, J. P. (1989). Quality of life in end-stage renal disease: A re-examination. Am. J. Kidney Dis. 13: 200-9

Caskey, F. J., Schober-Halstenberg, H. J., Roderick, P.J. (2006). Explorando as diferenças na epidemiologia da ESRD tratada entre a Alemanha e a Inglaterra e o País de Gales. Am J Kidney Dis 47 (3): 445-54

Clausing, D. (1994). Total Quality Deployment. A Step-by-Step Guide to World-Class Concurrent Engineering. ASME Press, Nova Iorque

Corea, A. L., Pittard, J. A., Gardner, P. W. & Shinaberger, J. H. (1999). Gestão de monitores de segurança em máquinas de hemodiálise. In: Nissenson, A.R., Fine, R.N., eds. Dialysis Therapy. 2nd ed. Philadelphia: Hanley and Belfus; p 43-49

Crawford-Bonadio, T. L. e Az-Buxo, J. A. (2004). Comparação de soluções de diálise peritoneal. Nephrol. Nurs. J.; 31: 449-507

Curtis, James R. (2011). Sistema de diálise modular. Publicação de pedido de patente dos Estados Unidos. Pub n.º US2011/0189048 A1 com data de 4 de agosto

Daugirdas, J. T., Van Stone, J. C., Boag, J. T. (2001). Manual de Diálise

Daugirdas, J. T., Blake, P. G., Ing, T. S. (2006). "Fisiologia da Diálise Peritoneal". Handbook of dialysis. Lippincott Williams & Wilkins. pp. 323

De Steiguer, J. E., Duberstein, J. e Lopes, V. (2003). "The Analytic Hierarchy Process as a means for Integrated Watershed Management", em

Renard, Kenneth G., First Interagency Conference on Research on the Watersheds, outubro de 2003, Benson, Arizona: U.S., pp. 736-740
Ministério da Saúde (2010). Regras do Conselho do Departamento de Saúde para o licenciamento de instalações de cuidados de saúde. Capítulo 1200-08-32. Normas para Clínicas de Diálise Renal em Fase Terminal
Dickerson, C. E. & Mavris, D. N. (2009). Arquitetura e Princípios de Engenharia de Sistemas. Série de Engenharia de Sistemas Complexos e Empresariais, CRC Press
Elwell, R. J., Volino, L. R. & Frye, R. F. (2004). Estabilidade da Cefepima em solução de diálise peritoneal de isodextrina. Ann Pharmacother. 38:2041-2044
Evans, R. W., Manninen, D. L., Garrison, L. P. Jr. (1985). The quality of life of patients with end-stage renal disease. N. Engl. J. Med. 312: 553-9

Foley, R. N., Parfrey, P. S. e Sarnak, M. J. (1998). Epidemiologia clínica da doença cardiovascular na doença renal crónica. American Journal of Kidney Disease; 32 (5 Suplemento 3): S112
Forman, E. H. & Gass, I. S. (Data desconhecida). The Analytic Hierarchy Process -An Exposition. www.ahpexpo.com
Forsberg, K. & Mooz, H. (1991). A relação da engenharia de sistemas com o ciclo do projeto. Conferência conjunta patrocinada pelo Conselho Nacional de Engenheiros de Sistemas e a Sociedade Americana de Gestão de Engenharia, Chatanooga, TN, outubro de 1991
George, L. Bakris & Eberhardt, Ritz (2009). Hipertensão e Doença Renal. Um casamento que deve ser evitado. Kidney International 75, 449-452
Hauser & Clausing (1998). 'House of Quality', Harvard Business Review, maio-junho
Hazelrigg, G. A. (1996). Engenharia de sistemas: An approach to Information-Based Design. Upper Saddle River, NJ: Prentice Hall
Ikuto, Masakane (2010). Diálise de alta qualidade: A Lesson from the Japanese Experience (Uma Lição da Experiência Japonesa). Oxford University Press. Acedido em março de 2013
IEEE (1998). Norma IEEE 1220. Normas para a aplicação e gestão dos processos de engenharia de sistemas. Instituto de Engenheiros Eléctricos e Electrónicos

ISO/IEC 15288 (2004). Engenharia de sistemas. Um guia para a aplicação dos processos ISO/IEC 15288 (Processos do ciclo de vida do sistema). Normas britânicas

ISO/IEC (2007). Engenharia de Sistemas e Software - Prática Recomendada para a Descrição Arquitetural de Sistemas Intensivos em Software. Genebra, Suíça: Organização Internacional de Normalização (ISO)/Comissão Eletrotécnica Internacional (IEC), ISO/IEC 42010 in: Damodar, S.K. (2016). Lesvos island UNESCO Global Geopark, Greece-Systems Thinking on Sustainable Value. Dissertação de mestrado em engenharia apresentada à Universidade de Ciências Aplicadas de Lahti, Finlândia

ISO/IEC 15288 (2008). Engenharia de sistemas. Um guia para a aplicação dos processos ISO/IEC 15288 (Processos do ciclo de vida do sistema). Norma britânica. In: UCL CSE 2011. Centro de Engenharia de Sistemas Engenharia de Requisitos de Sistemas, University College London

ISO/IEC/IEEE29148 (2011). Engenharia de sistemas e software - Processos do ciclo de vida - Engenharia de requisitos. Publicação de normas BSI

Jaar, B. G., Plantinga, L. C., Crews, D. C., Fink, N. E., Hebah, N., Coresh, J., Kliger, A. S., Power, N. R. (2009). Timing, causes, predictors and prognosis of switching from peritoneal dialysis to hemodialysis: Um estudo prospetivo, BMC Nephrol. 10: 3

Karnik, J. A., Young, B. S., Lew, N. L. (2001). Paragem cardíaca e morte súbita em unidades de diálise. Kidney Int 60:350-357

Kaufman, J. L. (2002). Principais complicações do acesso vascular para hemodiálise crónica. In: Nissenson, A. R., Fine, R. N., eds. Dialysis Therapy, 3rd edition, Philadelphia: Hanley & Belfus, p 31-40

Khawar, O., Kalantar-Zadeh, K., Lo, W. K., Johnson, D., Mehrotra, R. (2007). O declínio da utilização da diálise peritoneal a longo prazo é justificado pelos dados relativos aos resultados? Clin. J. Am. Soc. Nephrol. 2, p 1317-1328

Korevaar, J. C., Feith, G. W., Dekker, F. W. (2003). Efeito do início da hemodiálise em comparação com a diálise peritoneal em doentes que iniciaram o tratamento de diálise: Um ensaio aleatório controlado. Grupo de Estudo NECOSAD. Kidney Int., 64: 2222-28

Kossiakoff, A. & Sweet, William N. (2003). Systems Engineering Principles and Practice, Andrew Sage, Ed. John Wiley & Sons, Inc. Hoboken, Nova Jersey
Levin, N. W. e Ronco, C. (2002). Problemas clínicos comuns durante a hemodiálise. In: Nissenson, A. R., Fine, R. N., Eds. Dialysis Therapy (Terapia de Diálise), 3ª ed. Philadelphia: Hanley & Belfus, p 171-179
Levy, J., Morgan, J. e Brown, E. A. (2001). Máquinas de diálise: Principais características, recursos adicionais e monitores. In: Levy, J., Morgan, J., Brown, E.A., eds. Oxford Handbook of Dialysis, Oxford University Press, New York, p 90-95 Lowrance, W.W. (1976). Of Acceptable Risk. Los Altos, CA: William Kaufmann Inc.
Menon, V., Gul, A. e Sarnak, M. J. (2005). Cardiovascular risk factors in chronic kidney disease (Factores de risco cardiovascular na doença renal crónica), Kidney Int. 68(4), p. 1413
Merriam Webster (1981). Webster's Third New International Dictionary, Philip Babcock Gove, ed., Springfield, Massachusetts. Springfield, Massachusetts: Merriam-Webster Inc.
Merkin, B. G. (1979). Group Choice, John Wiley & Sons, NY MIL-HDBK-61A (2001). "Manual Militar: Guia de Gestão da Configuração". Departamento de Defesa. 7 de fevereiro.
Moeller, S., Groberge, S., Brown, G. (2002). ESRD patient in 2001: Global overview of patients, treatment modalities and development trends. Nephrol. Dial. Transplante 17:2071-2076
Fundação Nacional do Rim (2001). Directrizes de prática clínica K/DOQI para a adequação da hemodiálise 2000. American Journal of Kidney Disease; 37(suppl. 1): S7-S64
Oberley, E., Schattell, D. (1996). Home hemodialysis: Sobrevivência, qualidade de vida e reabilitação. Adv. Ren. Replace. Ther. 3: 147-53
Pendse S et al. (2008). Início da Diálise. In: Manual de Diálise. 4a ed. Nova Iorque, NY; 2008:14-21
Piraino, B., Bailie, G. R., Bernardini, J. (2005). Recomendações sobre infecções relacionadas com a diálise peritoneal: Atualização de 2005, Perit. Dial. Int.; 25:107-131
Pohl, M.A., Blumenthal, S., Cordonnier, D. J. (2005). Impacto independente e aditivo do controlo da pressão arterial e do bloqueio dos receptores da angiotensina II nos resultados renais. Publicado no Ensaio

de Nefropatia Diabética com Irbesartan: Clinical implications and limitations. J. Am. Soc. Nephrol. 2005; 16:3027-3037
Quellhorst, E. (2002). Insulinoterapia durante a diálise peritoneal: Prós e contras de várias formas de administração. Journal Am. Soc. Nephrol; 13 Suppl. 1:S92-S96
Rabindranath, K. S. (2007). "Diálise peritoneal ambulatória contínua versus diálise peritoneal automatizada para doença renal em fase terminal". Base de Dados Cochrane de Revisões Sistemáticas 2 (2): CD006515. doi:10.1002/14651858.CD006515
Rogers, E. M. & Shoemaker, F. F. (1971). Communication of innovations: A Cross-Cultural Approach. 2nd Edition, Nova Iorque: The Free Press
Rubin, H. R., Fink, N. E., Plantinga, L. C. Sadler, J. H., Kliger, A.S. e Powe, N. R. (2004). Patient ratings of dialysis care with peritoneal dialysis versus hemodialysis. JAMA 291: 697-703
Rubin, J., Case, G. & Bower, J. (1990). Comparação da reabilitação em pacientes submetidos a diálise domiciliária. Diálise peritoneal ambulatória contínua ou cíclica vs hemodiálise domiciliária. Arch. Intern. Med. 1990; 150: 1429-31.
Saaty, T. L. (1980). The Analytic Hierarchy Process. McGraw Hill, Nova Iorque, pp 78-121
Sage & Rouse (2009). Handbook of Systems Engineering Management 2nd Edition. Publicado por Wiley Inc: Simon, H. (1972). Theories of Bounded Rationality, in Decision and Organization, C. B. Radner and R. Radner, (eds.), North-Holland, Amsterdam, 161-176
Simons, Luuk P. A. & Wiegel, Vincent (Ano desconhecido). Evaluating AHP as a multi-stakeholder decision tool. Universidade de Tecnologia de Delft, Jaffalaan 5, 2628BX Delft, Países Baixos
Snyder, J. J., Kasiske, B. L., Gilbertson, D.T. & Collins, A. J. (2002). A comparison of transplant outcomes in peritoneal and hemodialysis patients. Kidney Int. 62: 1423-1430
Stevens, S.S. (1946). "On the Theory of Scales of Measurement", Science, (103), pp. 677-680
Stevens et al. (1998). Systems engineering, coping with complexity. Publicado por Prentice Hall Europe
Systems Engineering Fundamentals (2001). Imprensa da Universidade de Aquisição de Defesa. janeiro de

Teitelbaum, I e Burkart, J. (2003). Diálise peritoneal, American Journal of Kidney Disease, 2, p 1082-1096
Departamento de Saúde do Tennessee (2005). Normas para a Clínica de Diálise Renal em Fase Terminal. Publicado em "Rules of Department of Health Board for Licensing Healthcare Facilities". Conselho do Tennessee para o Licenciamento de Estabelecimentos de Cuidados de Saúde, Tennessee, EUA. Capítulo 1200-08-32, maio de 2010
O Instituto de Gestão do Risco (2002). A Norma de Gestão de Riscos. The Association of Insurance and Risk Managers. Londres
Tichy, W. F. (1988). Ferramentas para a gestão da configuração de software. Proc. 2nd. Int. Workshop Software Version Config. Controlo
Centro de Engenharia de Sistemas da UCL (2011a). Gestão de Engenharia de Sistemas, University College London
Centro de Engenharia de Sistemas da UCL (2011b). Engenharia de Requisitos de Sistemas, University College London
Centro de Engenharia de Sistemas da UCL (2012a). Conceção de sistemas University College London
Centro de Engenharia de Sistemas da UCL (2012b). Ciclo de vida dos sistemas, University College London
UCL CSE (2012c). Módulo de Engenharia de Requisitos de Sistemas MECHGS09. Centro de Engenharia de Sistemas da Universidade College London, junho em: Damodar, S.K. (2016). Geoparque Mundial da UNESCO na ilha de Lesbos, Grécia - Pensamento de sistemas sobre valor sustentável. Universidade de Ciências Aplicadas de Lahti, Finlândia
Damodar, S.K. (2016). Geoparque Mundial da UNESCO na ilha de Lesbos, Grécia - Pensamento sistémico sobre o valor sustentável. Theseus, Finlândia
https://urn.fi/URN:NBN:fi:amk-2017110716676
Gabinete do Censo do Departamento de Comércio dos EUA (2007). Manufacturing Industry Series: Detailed Statistics by Industry for the United States. Acedido em dezembro de 2012

Fontes na Internet:

Aziz, A. A. (2009). Sistema Especialista. http://www.generation5.org/content/2005/PDAMum.asp. Acedido em 30 de abril de 2013

Damodar, S.K. (2016). Geoparque Mundial da UNESCO na ilha de Lesbos, Grécia - Pensamento sistémico sobre o valor sustentável. Theseus, Finlândia
https://urn.fi/URN:NBN:fi:amk-2017110716676

Guy's and stthomas (2012). Escolher as opções de tratamento mais adequadas para si. http://www.mykidney.org/TreatmentOptions/PeritonealDialysis/PeritonealDialysis.aspx Acesso em julho de 2012

Caçador de tendências (2012). A máquina de diálise portátil Mobilysis dá mais controlo aos doentes. Publicado: Apr 27, 12. http://www.trendhunter.com/trends/mobilysis-portable-dialysis-machine

NAVAIR (2012). Systems Engineering Fundamentals http://www.scribd.com/doc/65243738/NAVAIR-Systems-Engineering-Handbook. Acedido em dezembro de 2012

DoD (2012). http://www.scribd.com/doc/46990970/Systems-Engineering-Fundamentals-DoD. Acedido em dezembro de 2012

Bole, K. (2012). Projeto de Rim Artificial da UCSF aproveitado para o Programa Acelerado da FDA. http://www.ucsf.edu/news/2012. Acedido em março de 2013

Centro de Controlo de Doenças (2003). Guidelines for Environmental Infection Control in Healthcare Facilities (Directrizes para o controlo da infeção ambiental em instalações de cuidados de saúde). http://www.cdc.gov/hicpac/pdf/guidelines/eic_in_hcf_03.pdf. Acedido em abril de 2013

Davita (2004). Alguns efeitos secundários físicos da diálise e como preveni-los. http://www.davita.com/kidney-disease/dialysis/life-on-dialysis/some-physical-side-effects-of-dialysis-and-how-to-prevent-them/e/5292. Acedido em maio de 2013

Davita (2004). A história da diálise. http://www.davita.com/kidney-disease/dialysis/motivational/the-history-of-dialysis/e/197 Acedido em junho de 2013

ICD (2014). Hemodiálise. http://www.dciinc.org/hemodialysis/ Acedido em 30 de junho de 2014
Departamento de Defesa (2001). System Engineering Fundamentals. Faculdade de Gestão de Sistemas. Publicado pela Defense Acquisition University Press, Fort Belvior, Virgínia, em janeiro de 2001. http://123management.nl/0/070_methode/072_kwaliteit/Dod%20Systems%20Engineering.pdf Acedido em agosto de 2012 FAA (2008). http://www.hf.faa.gov/webtraining/Usability/u17_tools2.htm. Ferramentas de análise de tarefas utilizadas durante o desenvolvimento. Administração Federal da Aviação maio de 2013
Hefflin, B. & Kessler, L. (Ano desconhecido). The Global Medical Device Nomenclature. www.ncvhs.gov/030819p2.pdf. Acedido em dezembro de 2012
Mansad, P. (2013). Transplante de rim. Dia Mundial do Rim. http://articles.timesofindia.indiatimes.com/2013-03-15/mumbai/37743241_1_kidney-diseases-world-kidney-day-kidney-transplant. Acedido em 13 de março de 2013
MDDI (2014). As 40 maiores empresas de dispositivos médicos. Indústria de Dispositivos Médicos e Diagnósticos. https://www.mddionline.com/top-40-medical-device-companies Acesso em 8 de janeiro de 2018
Federação Nacional do Rim (2013). Glossário de termos renais. https://www.kidney.org.uk/help-and-info/glossary-of-renal-related-terms/ Acedido em janeiro de 2014
Praveen, S. V. (2011). European Medical Devices Industry Assessment-A Symptomatic evaluation. www.slideshare.net/FrostandSullivan/european-medical-devices-industry-assessment-a-symptomatic-evaluation. Acedido em dezembro de 2012
QFD (2013). Qfdonline. http://www.qfdonline.com/qfd-examples/chocolate_chip_cookie_qfd.pd. Acedido em janeiro de 2013 Guia SE (2001). Systems engineering Life cycle building blocks. http://www.mitre.org/work/systems_engineering/guide/se_lifecycle_building_blocks/system_integration/interface_management.html Acedido em junho de 2013

Wills, S. (2012). Inquérito sobre as perspectivas da indústria mundial de dispositivos médicos até 2012. www.industryreview.com Acedido em dezembro de 2012

## APÊNDICES

1. Folhas de trabalho 1, 2 e 3 da Implementação da Função Qualidade em Diálise (QFD) representadas nas Figuras 41, 42 e 43
2. Ficha de registo médico

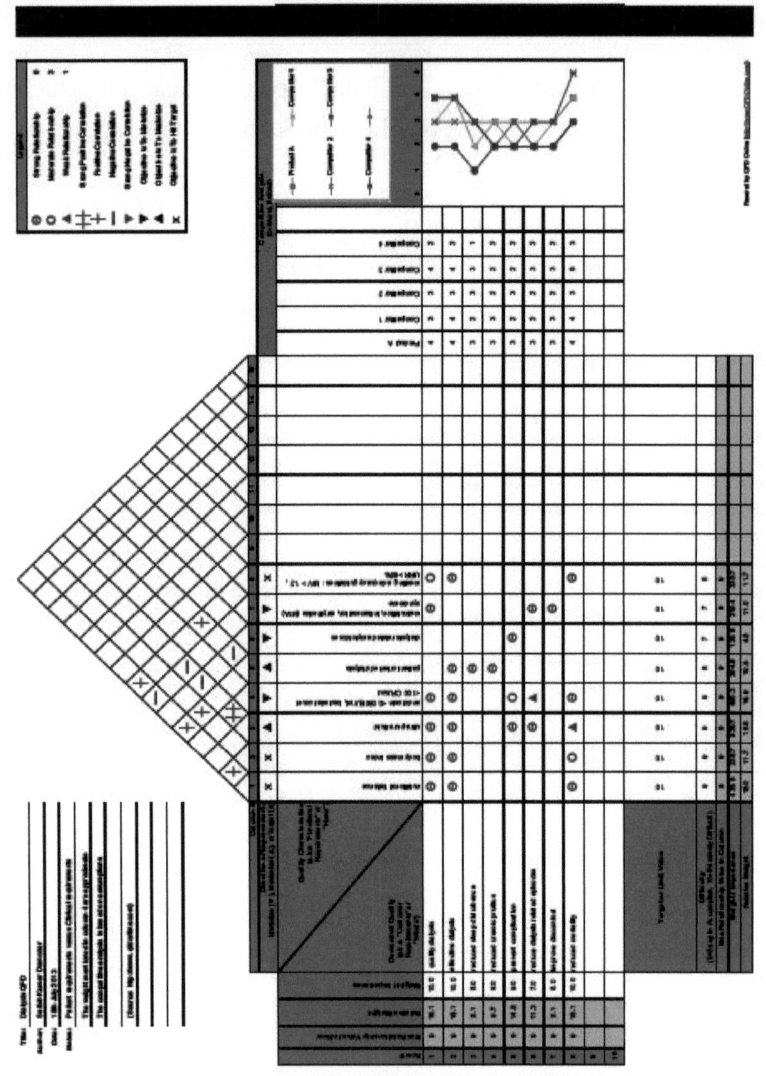

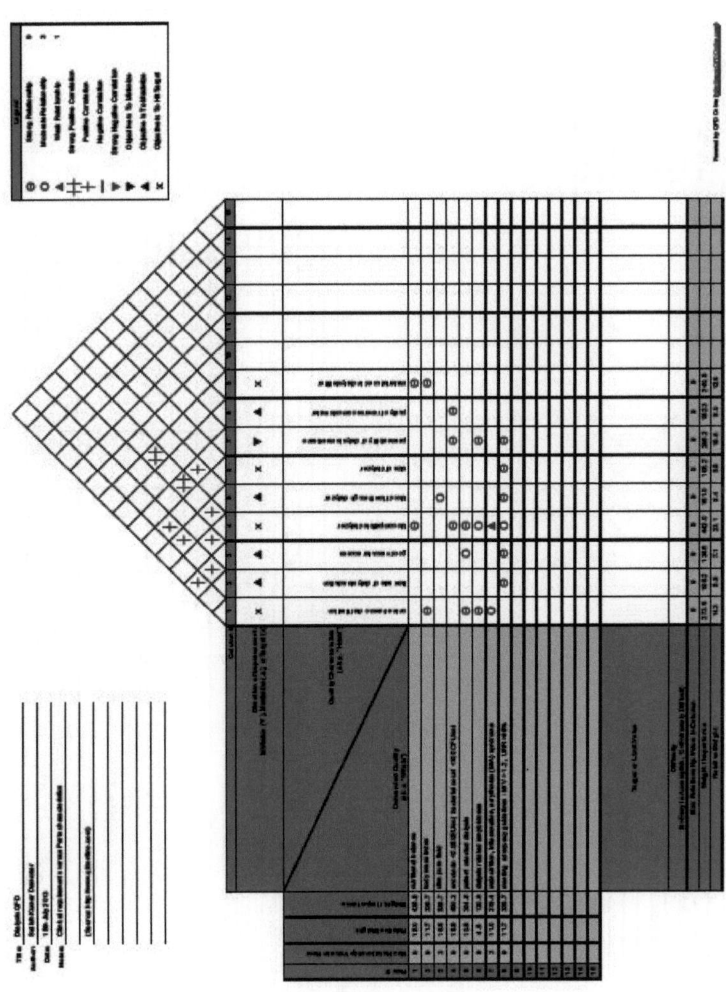

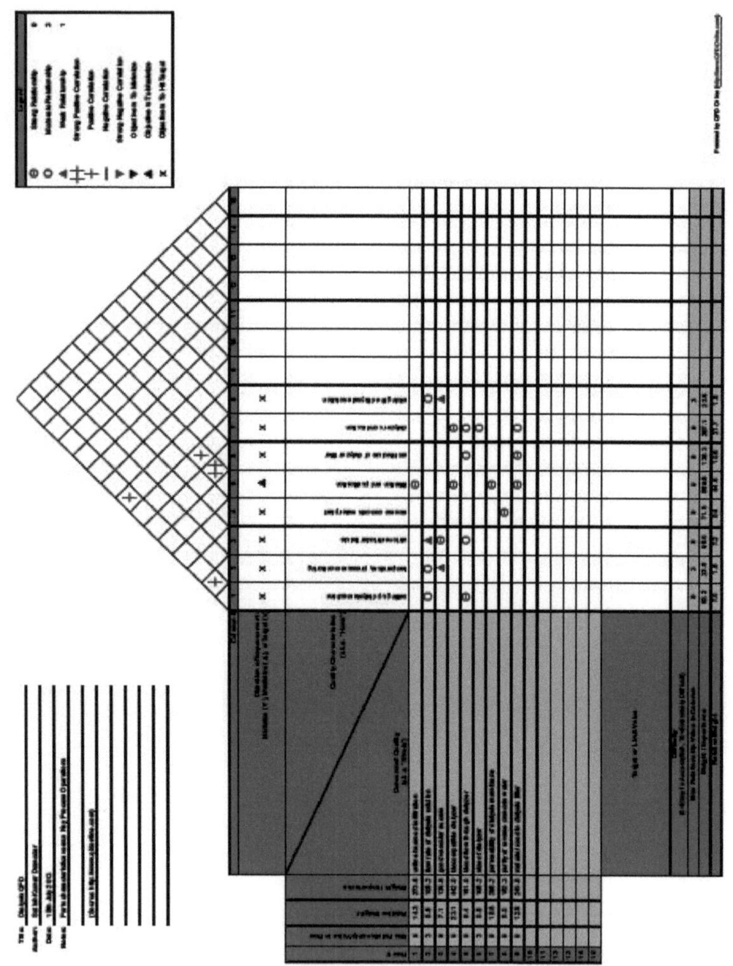

DIALYSIS MEDICAL RECORDS

Name of patient :
Age :
Ideal weight / Dry weight :

| Date | No. of Dialysis | Dialysis Tubing Reuse | Weight | | Temperature | | Blood Pressure | | Heparin | Venous Pressure | Trans Membrane Pressure | No of hours of dialysis | Blood Flow Rate | Remarks |
|---|---|---|---|---|---|---|---|---|---|---|---|---|---|---|
| | | | Pre | Post | Pre | Post | Pre | Post | | | | | | |
| | | | | | | | | | | | | | | |
| | | | | | | | | | | | | | | |
| | | | | | | | | | | | | | | |
| | | | | | | | | | | | | | | |
| | | | | | | | | | | | | | | |
| | | | | | | | | | | | | | | |
| | | | | | | | | | | | | | | |
| | | | | | | | | | | | | | | |

| Date | Time | Blood Pressure |
|---|---|---|
| | | |
| | | |
| | | |
| | | |
| | | |

| | Left | Right |
|---|---|---|
| Fistula | | |
| Shunt | | |
| Subclavian | | |
| Femoral | | |
| | | |

Sobre o livro

Este livro "System requirements engineering & elicitation- An approach to system design" fornece informações sobre as partes interessadas no sistema, os tipos de sistemas, as fases de desenvolvimento de um sistema de diálise no local e as suas capacidades. Este livro apresenta informações sobre os processos de engenharia de sistemas ao longo das várias fases de desenvolvimento do sistema. O processo de requisitos de engenharia de sistemas inclui os requisitos do cliente, os requisitos funcionais e os requisitos de desempenho, todos eles abordados em pormenor. Os pontos de vista das principais partes interessadas são captados através de métodos qualitativos, utilizando questionários e entrevistas. A informação obtida é analisada e os requisitos são obtidos. Utilizando os critérios "requisitos de tratamento" obtidos dos doentes e "tipos de procedimentos de diálise" obtidos dos clínicos, a investigação chega a uma hierarquia de decisão resolvida utilizando o Processo de Hierarquia Analítica (AHP). Esta investigação utiliza o Quality Function Deployment (QFD) para identificar as necessidades dos doentes e dos médicos. O QFD foi desenvolvido fazendo a interface entre as necessidades dos pacientes e as necessidades dos médicos.

Sobre o autor

Satish Kumar Damodar tem três décadas de experiência na indústria e no meio académico. Está envolvido no ensino de áreas multidisciplinares de tecnologia, negócios e economia. Tem um doutoramento da Universidade de Twente, Países Baixos, um mestrado em engenharia da Universidade de Ciências Aplicadas de Lahti, Finlândia, e um MBA da Índia. É engenheiro industrial licenciado (PPI) pela Universidade Católica Atma Jaya, Indonésia.

Printed by Books on Demand GmbH, Norderstedt / Germany